餐飲業
機密檔案

防黑心手冊！

一個真相，你、我從未耳聞

媒體、美食家不敢說！

廚師、餐飲服務人員與業主

不敢承認的真相！

打開機密檔案，真相逐一披露

二、破解不肖餐飲業者

從不示人的「宰客之道」！

〈大陸篇〉

作者：肖正綱、一鶴

寫在前面

　　餐館有自己的江湖。不同菜系仿佛是「少林」、「武當」等門派，公認的「烹飪大師」便是各派的「掌門」了。要想得道稱雄，入了門須從「小力本」做起，歷經「砸煤、添火、掏爐坑」、「料青、開生」、「打荷、配菜」，吃盡苦頭。直到有了自己的地盤——佔有了「火眼」、把住了「炒勺」，才算是站住了腳。待年過三十，當上頭灶（廚師長），開門收徒，在後廚尊稱「老大」，才算是混出了名堂。真正做到「紅白兩家、跑堂站灶」，十八般兵器，樣樣耍得起來，徒眾遍地、香火滿堂，即堪稱一路英豪！

　　江湖險惡，山高水深。涉足其中，難免身不由己。有心發財，投資百萬，躊躇滿志，哪料得，不到半年便賠了個稀裏嘩啦，騎虎難下；那一邊無心插柳者，一場拆遷下來，卻造就了幾個江湖豪客「立腕成名」；廚師長修煉多年，功成名就，卻不料大意失荊州，被貪財的小徒弟掀翻了船，灰頭土臉、鎩羽而歸；經理表面風光暗中又有多少難處；小廚子怎樣「一把菜刀鬧革命」，改寫命運新篇章；什麼是飯館的「四梁八柱」，「跑大棚的」在廚行中處于何種地位，三把笤帚如何瓦解了四個小徒弟的哥們義氣，打工妹難舍難離的愛恨情仇……這些在餐館江湖中不為顧客所知的工作、情感、生活，在書中都有風趣真實的描述。

　　餐飲業機密檔案，將逐一披露，並特別破解某些飯館秘不示人的「道」，使讀者免遭暗算。

第五章

險惡的餐飲江湖──誰才是勝者   143

第六章

我們還能安全地吃什麼──可怕的製作黑幕   167

顧客與餐館大過招——內行看門道

顧客與餐館大過招─內行看門道
找家對味的餐館─找餐館的四張底牌

用餐目的要對盤/地理位置很重要/風味特色須突出/消費標準先定好

除了睡眠之外，人在一天中似乎有很多時間在為「吃」忙碌著。不僅為三餐奔走於超市菜場廚房餐桌，更有應酬交際聚會宴請交織其中。好之者自然樂此不疲，惡之者卻不勝其煩。

如今，都市的快節奏已讓「到餐館用餐」成為生活中不可或缺的儀式。對白領小資。而言，更是與「泡吧。」和「上網」具有同樣的吸引力。

以北京為例，據統計，北京現有大小餐館四萬餘家，並且以每天百分之一的比例更替，體現一種動態平衡，即每天約有400家關門、400家開張。即使你是一位美食家，這四萬家餐館每天品嚐一家，一生中也不可能全部光顧，更何況是普通百姓！

但在我們日常生活中，與餐館打交道卻是不可避免的。為了免除臨時抱佛腳的煩惱，手裡掌握著幾十家餐館的底牌，是十分必要的。講究的是吃出口味、吃出實惠、吃出面子、吃出心情。

◎白領小資：「白領」意即坐辦公桌的白領階級；「小資」意謂開店做小生意的小資本家。

◎泡吧：大陸有許多餐飲消費場所冠上「吧」之名，像是「水吧」，即為專賣飲料涼水之處；「網吧」意即可上網路並供應飲料之處；「書吧」有點類似台灣的租書店，可在裡面隨意瀏覽，並享受餐點。

🔒 底牌一　用餐目的要對盤

　　到餐館用餐，就目的來說，大致可分為喜慶宴會、商務宴請、家庭便餐、朋友小酌、情人相約，以及上班族餐點、旅途餐等。按照目的不同，選擇一家與自己對盤的餐館，既是美食行程的開始，也會給人留下美好的印象。

　　喜慶宴會，特別是婚宴，對餐館或是顧客來說，都是需要講究的。結婚不僅是雙方一生中的大事，還因為赴宴者都是親友，而且又是「有償」的(意即需要包禮金)，餐館若選得太寒酸，這面子可丟不起。但是也並非餐館越高檔越好，還要講究實際。若標準在每桌人民幣1200～1500元，在中檔餐館菜色就可以安排得很好了；若在高檔餐館，這點兒錢則只能「塞牙縫」！當天若是再碰上另一家豪門婚宴，相較之下必定徒增煩悶！

　　另外，餐館門前是否寬敞以便停車，也要確認，並告訴來賓，以免屆時擁塞。婚期一旦確定，也要及時預訂餐館，之前最好多看一看，「貨比三家不吃虧」，不要輕率接受婚禮顧問公司(新娘秘書)的推薦或「一條龍服務」◎。如果適逢「黃道吉日」，有的餐館要收較多訂金，而且一般都不會退還。所以在交付訂金時，最好註明「在預訂用餐日期x日(一般可為七日)前取消，訂金全額退還」，以免因情況發生變化而遭受不必要的損失。

　　為了穩當起見，還可以不露聲色地先吃一頓「試菜」作為前期考察，看看環境、菜品、服務究竟如何，然後決定取捨。

　　商務宴請，主要考慮對方身份及宴請目的，是簽訂合約之類的商務活動？還是接風應酬類的感情聯絡。前者適合到大飯店內的餐廳，一旦需要影印傳真列印上網， 可就近到商務中心處理；後者如招待上司或官方人士，適合到清淨一點的地方，可避開閒雜人等，否則對方不肯光臨。

◎一條龍服務：就是從頭到尾全部包辦規劃的意思。

　　掌握多家商務餐廳的資訊，是秘書、助理、司機的日常工作和邀功的「必殺技」，不可忽視。

　　家庭便宴，則以經濟實惠為主，距離別太遠，最好事先訂個包間◎。自帶酒水不要太多，一瓶好白酒即可(能省出一套「烤鴨」來)。大多數餐館不會太計較。

　　朋友小酌，若是外地朋友來北京，吃烤鴨自然要去「全聚德◎」，嚐宮廷菜就要去「仿膳◎」。錢不白花，既有面子，味道又好。如果貪圖便宜到無名小店，菜品、服務都不到位，難免事與願違，甚至無法彌補、令人遺憾。

　　日常生活中，最常見的還是朋友同學同事聚會。規模不大，三五個人。消費也不高，平均人民幣50元左右。這類活動對場所和菜品，都有較高的要求。一般來說，去某個有特色的地方風味中小餐館較為適宜。

　　喜歡辣味的找個川菜館、湘菜館，氣氛熱烈。冬天則適合去火鍋店，邊吃邊聊，菜也不會涼。地點選在美食街一帶最好，萬一此家人多客滿，還可以有較多的其他選擇。

　　順便說一句，寧可等一會兒，也要去客滿的店，起碼有人氣。門可羅雀的餐館，最好別去，一天沒開張了，「磨好了刀」正等著您呢！

　　情人摯友，吃飯往往是談話的陪襯。這時餐館的選擇，應以環境和情調為主。講究一些的，可以去飯店內的餐廳，甚至大飯店頂層的旋轉餐廳(要

◎包間：即為台灣所稱的包廂，多為不受打擾，且獨立一間之處。

◎全聚德：為北京專賣烤鴨的名店，創於1864年(清同治三年)，以掛爐烤鴨聞名於世，世人有「不去長城非好漢，不吃烤鴨太遺憾」之語。

◎仿膳：位於北京北海公園內的「仿膳飯莊」，創立於1925年，至今已有七十餘年歷史；以仿照「御膳房」的宮廷菜聞名。

帶足夠的銀子)。朋友關係近的，吃飯店餐廳的自助餐也不錯，環境幽雅，質量服務衛生也都靠得住。吃自助餐得是熟人，起著哄吃，不太熟的朋友千萬別去，都不好意思多吃，白花錢。

最好平日注意搜集適合朋友集會的場所資訊，以免臨時亂撞走錯門，多花了銀子事小，還丟了面子，甚至生一肚子氣。

上班族餐點的要求相對較低，近、廉、淨即可。近，距離在步行十五分鐘以內；廉，一餐價格在人民幣20元以內，不過也別總吃牛肉麵；淨，自然是乾淨、衛生。不過，符合這幾點的飯館往往在「飯點◎」時人滿為患，也很令人頭疼。曾有一位「白領」為此傷透腦筋，卻從中發現商機，自己在建外大街寫字樓區附近開了一家餐廳，專營「白領午餐」，這個構想大獲成功。他也就此改行且名聲大噪，堪稱獨具慧眼。

旅遊餐出現的機會，雖說不會很多，卻需要高度重視。總的來說，衛生至上、安全第一，慎點名稱古怪的菜。點菜前一定要先問清楚價格、份量，最好先看看鄰桌的菜，別光聽老闆「忽悠◎」。吃海鮮要監督烹調過程，防止「調包」。如果是在攤位上購買，要用透明塑膠袋盛裝；一旦店主用黑塑膠袋，小心除了會「調包」之外，至少要多稱半斤水，事後還沒處討回公道。大連、北戴河、山東沿海一帶的小販，都會這手「魔術戲法」，北京的海鮮攤店也不例外。

🔒 底牌二　地理位置很重要

隨著有車階級的日益增多，餐館的路途遠近，不再是主要問題，而有沒有停車位，則變得愈加重要。試想，如果在前門大街某處吃頓飯，您要把

◎飯點：中午12點半前後、晚上7點前後是顧客最集中的時候，大陸習慣稱此段時間為「飯點」（或稱「飯口」）。

◎忽悠：指東拉西扯，講些不相干的話。

車停到一公里以外，每小時還要交人民幣5元的停車費，我想就算餐館再有名，您的熱情也會大打折扣。或者，某次突然接到交通罰單，告之某日走單行道違規；仔細回想，那天朋友在某餐館請客，天晚了沒注意交通標誌。再者，費盡苦心找到一個地方停車，吃完飯回來，發現愛車被刮，並且貼有「罰單」。遇上諸如此類的麻煩，該店在您心目中的排名，肯定殿後。

所以停車、行車方便與否，便成為有車一族取捨用餐餐館的關鍵。經常聚會、外出用餐者，掌握幾家車位充裕的館子，哪怕遠一點，只要好找，都會讓您到時候少耽一點心。

🔒 底牌三　風味特色須突出

京滬川魯粵蘇湘閩浙鄂贛徽，以及其他眾多省、市、自治區，幾乎每個地方都要標榜自己的菜是獨立菜系。北京的外地風味餐館，原來也多以「正宗××菜」自居，後來發現北京人對是否「正宗」並無興趣，而更關注品質、味道及價格，何況自稱粵菜的已賣起了「宮保雞丁」(川菜)，變成了烏龍菜系(指菜系混雜的「創新菜」)。於是便悄悄將「正宗」二字撤去。近年來，此二字已不常見到，正如不知不覺中，「服務員」已由「小姐」改稱「小妹」一樣(「小姐」聽起來有在歌廳、三溫暖「坐台」之嫌)。

不過，菜系風味的差別確實存在。要想品嚐到「正宗」的，街頭小館已不容易找到，要去大飯店裡的餐廳，價格自然要高不少，不過物有所值，味道還是靠得住的，可算小規模請客的首選。如果不太計較服務的話，更「正宗」的地方就是各省市「駐京辦◎」。鼎鼎大名的「川辦餐廳」即譽滿都城。客寓北京的食客，對「本省辦餐廳」亦趨之若鶩，除了可以嚐到正宗的口味以外，還可以用鄉音暢談，以解自己的鄉愁。

然而北京人到此，則難免有「外地人」的感覺。如果願放下「天子腳下

◎駐京辦：中國大陸各省市派駐在首都北京的各個辦事處。

的皇民」的架子，不妨當一回「食探」，在街上仔細找一找風味獨特的小餐館。不必點大菜，有些小川菜館未必每道菜都是精品，但「麻婆豆腐」可能就是一絕，你在大館子裡都吃不到。掌握幾手怪牌，出奇制勝。一旦吃膩了正餐，來個「豆汁◦晚會」之類的小節目，照樣能吃出精彩！

除了菜色風味之外，特色也屬於加分的牌。例如四合院令人懷舊、生態園養目怡情、農家院簡樸古拙，都富於餐桌之外的情趣，對都市人具有強烈的吸引力。

🔒 底牌四　消費標準先定好

對普通消費者而言，價格高低是非常重要的。

每個餐館都有最適當的消費標準。這個標準一般以六到八人的菜量計算，計四至六道涼菜、每人平均一道熱菜，其中應包括本店主要風味菜二至三道，整件或大件一道(如烤鴨、乾燒魚、大蝦)的總價(不含酒水)。總價除以人頭即為人均消費。以目前價格論，高檔餐店至少人均消費人民幣200元以上，低檔店則為50元以下，之間為中檔店。

著名老字號的風味菜單價亦較高，如某老字號「蔥燒海參」為人民幣360元一盤，還要對其服務品質不及格有心理準備，很可能不盡如人意。高檔海鮮魚翅酒樓則非百姓光顧之地，據說每桌動輒以萬元計。

瞭解了餐廳的消費等級，再結合您此行的消費標準，就容易選擇適合的餐館了。奉勸您一句，「寧做雞頭，不當牛後」，也就是「寧為小國君，不為大國臣」之意。高檔酒樓對一兩千元一桌的顧客不屑一顧，怠慢之情令人不快；或是有意反覆推銷高檔白酒，您若說開車不能喝酒，店家便推銷自

◎豆汁：是老北京的傳統發酵湯品，因風味極特殊，一般是好惡分明，現在大多數北京人也不喝了，而且想喝也快喝不到了。

製優酪乳之類的飲品，一付帳便是200元，反正不能輕易放過，令人提心吊膽。再加上服務費、包間費、最低消費，您說這頓飯能吃得痛快嗎？其實這也不能全怪店家，是您選的地方不合適。換個中間等級餐店，您就可以踏踏實實當一回「大款◎」，何必只圖大店的虛名呢？！

所謂「磨刀不誤砍柴工」。平日裡手握一把好牌，到時候，任選一家合適的餐館，便不是什麼難事。

至於獲得以上餐館資訊的管道，除了您自己親身體驗外，當以朋友間的「口碑」為主，配合相關美食地圖及書刊介紹。切莫輕信網路上的介紹，「托兒◎」太多！

謹防推銷──點菜要自己做主

留心餐館的推薦菜/熟悉種種推銷技巧

來到餐館，還沒進門，帶位小姐殷勤地打招呼，並將您帶到餐桌前。如果此刻時間尚早，用餐者寥寥，她必定將您帶往位於窗前明顯處的桌子。您不僅可以方便地觀看街景，還不知情地順便充當了餐館的「飯托兒◎」，使之顯得有人氣，從而招攬更多的顧客上門。

聰明的老闆知道，現在顧客都很精明，吃飯紮堆◎，專上人多的地方

◎大款：富豪、有錢人、大爺之意。

◎托兒：造假或假貨的意思。

◎飯托兒：時裝界走秀有「模特兒」，餐飲界也有「飯托兒」，意思是安排在餐館裡街上看得到的位置，代表餐廳人多、生意好，也就是餐館的免費的活招牌。

◎紮堆：一堆人擠在一起的意思，湊熱鬧。

——人多必有人多的道理，生怕遇上「冷面殺手」，變成上當待宰的羔羊。

　　坐定之後，自有服務員前來照應茶水，同時將該店點菜菜單遞上。對於不是很熟悉的店，顧客往往要先將菜單看上一兩遍，要是人多還會互相研討一番。服務員則在一旁蕭立靜候，您說一個他寫一個，如果不問他們，大多不會主動搭腔，因為此刻插話時機尚早。如果顧客對點什麼菜拿不定主意，請服務員介紹解釋，那正好，機會來了！

🔒 留心餐館的推薦菜

　　一般來說，他會先推薦大家常吃的菜或是店裡的特色菜，價錢也不會太貴。但若某個菜推銷出去有提成◎，情況就不一樣了。例如您點了「清蒸鮌魚」，他可能會說：「您不如換個鱖魚呢，肉細、刺少，特別適合女士！」當著朋友的面，你也不好多問，那就鱖魚吧。結果一結賬多花了好幾十塊錢：鮌魚一斤28元，鱖魚68元。服務員推銷鱖魚一條，可以分得一元至二元，鮌魚則沒有。

　　這還是好的，僅僅圖財，你吃到的畢竟是活鱖魚，雖然貴了一倍多，也算是物有所值。還有更離譜的：你點了一條「清蒸鱖魚」，服務員說：「清蒸不如乾燒入味，我們家廚師做乾燒魚特別拿手！」你如果說怕辣，他就說：「那我直接告訴廚師，讓他少放點辣，再讓他先給您做，能當個下酒菜。」聽了這話，任誰都會高興。

　　等了沒一會兒，魚就上來了，猛一看顏色深暗，調味也重，一嚐，炸得倒是挺透，味道也還說得過去，沒察覺出什麼毛病，況且你根本就沒想到這些。其實這魚「貓膩◎」大了！這是一條死魚，沒冷藏好有點兒變質，拿來

◎提成：意謂可以分紅，賣出高檔菜色，服務員可以從中分得一些利潤，作為銷售的獎勵。

◎貓膩：北京常用俚語，泛指台面下或不可告人的作為。

「清蒸」絕對破功，連紅燒都不行，只能用來「乾燒」。廚師先把魚收拾好了，擱在那兒，就等有人點菜，一炸一燒，迅速上桌。下午開業前主廚告訴外場服務員：「有幾條鱖魚，建議客人乾燒，一條兩塊錢（即提成）。」這兩塊錢誰出呢？主廚呀！因為他失察，老闆不但不出錢，如果魚賣不出去，糟蹋了，還得罰廚房，主廚也臉上無光。與其挨罰沒面子，還不如自己出點血痛快。

🔒 熟悉種種推銷技巧

外場服務員推銷這種菜要有一定的技巧。先得「長嘴」，會說。要慢聲細語，娓娓動聽，感覺是站在顧客的角度設想。還得「長眼」，能分辨出顧客是哪裡人，大概是幹什麼的，能不能接受，萬一出問題會不會弄巧成拙。像是碰上南方人，常吃魚，又挺挑剔，你推銷臭魚不是自找麻煩嗎？所以不是任何一個服務員都幹得了的。

為了保險起見，有時候廚師還會親自把關，摘了帽子，出來探頭看看，認清是哪一種客人，看相區分，以免後患。

類似情況在餐館裡經常出現，因為相當多的菜都要提前製作成半成品，以免加工時間過長，影響生意。而半成品一加工就是一批，不可能在一兩天內賣出，若在冷凍庫裡存放時間過久，則難免出問題，需要及時賣出去。對此，餐館有個專有名詞叫「推銷」（情況緊急的則稱為「急推」）；臨時脫銷的稱「沽清」；停止銷售則為「收牌」。

餐廳在每日午、晚兩次開始營業前都要開「例會」，外場主管或經理在佈置完當餐工作後，會找一兩個服務員背一下「推銷」和「沽清」的菜，考一考。這些都寫在廚房通道傳菜台的小黑板上或收款台的單子上，服務員必須背下來，才能便於推銷，大庭廣眾之下背不出來挺丟人的。所以在開「例會」之前，服務員人人口中念念有詞，也算是一奇景。

當然，並非服務員背對了菜就推銷出去了。這與菜的價格、原料、口

味，甚至名字都有關係。一次，某餐廳廚房要求推銷「XO醬花枝玉帶」十份。這是一道廣東菜，北京人不大熟悉，時間就放得比較長，有點快變質了。真要是賣不出去，老闆問下來不好說。外場主管佈置下去後，兩三天沒見動靜。主廚著急了，找餐廳經理反映。經理一問，服務員說，我們剛一說名字客人就說：「不要，不要！」還有的問：「花枝是什麼花的呀？」其實花枝就是墨魚，因為頭上有足鬚，切成片後有如枝狀，故美其名曰「花枝」，也是台灣的一種叫法。可往往還沒等服務員解釋完，顧客就否決了。

看來是名字讓人產生距離感和排斥心理。經理嚐了嚐菜，沒什麼問題，就和廚房商量，加上瑤柱(干貝)和別的材料，去掉「XO醬」、「花枝」等詞，改名「金玉滿堂」，重新「包裝上市」。沒想到「歪打正著」，一炮走紅。顧客反映不錯，做生意的尤其喜愛，吉利呀！服務員推銷也有積極性。沒兩天，不但庫存的十份都賣完了，又加工了幾批，成了餐館的「主打菜」。

以後根據這個菜，又發展出「滿堂系列菜」。「全家福」改叫「福滿堂」，結婚宴席用「情愛滿堂」，老人祝壽用「子孫滿堂」，學生謝師用「桃李滿堂」，朋友聚會用「高朋滿堂」…… 一時間「滿堂生輝」！

難度最高、也最屬害的，要數把顧客退掉的菜重新推銷給另一桌顧客。這類菜都是雞鴨魚蝦牛肉等價格較高的，賣不出去損失比較大。如果是自身差錯，也可能由廚師或服務員自己買單。推銷方法，一種是原封不動，另一種是改頭換面，都非常考驗服務員的口才和應變能力。

一日中午，某山東菜館，因為一盤「蔥燒海參」發生了糾紛。也不知是顧客口誤還是服務員筆誤，反正顧客堅決不要，大聲嚷嚷。當時顧客很多，考慮到其他顧客觀感，經理只好退菜處理。菜是退了，經理卻十分懊惱。「蔥燒海參」二百多塊錢，誰出啊？於是「急推」這個菜成了當務之急。眼看著午餐時間即將過去，卻沒人點，著實令人著急！

等到晚上營業時間一到，服務員個個睜大雙眼，尋找「買單的」，只

聽見「蔥燒海參」四個字此起彼伏、不絕於耳。說來也怪，這道「鎮店之寶」，平時賣得挺好的，今天也不知道怎麼了，硬是沒人點！把經理急得猶如熱鍋上的螞蟻，是經理自己同意退的，賠錢是一回事，落下一個「話柄」，多丟人呀！

快八點了，來了幾個人，進門就要一間包廂。經理一看：行，救命的來了！急忙上前去：「張老闆！李老闆！噢，您貴姓，劉啊！劉老闆，您瞧我這記性！裡邊請。」其實一個人也沒見過。坐定之後，故意先不提點菜的事，讓客人喝茶，自己一邊觀察一邊想對策。

茶喝過幾杯，經理也有了主意：「給您幾位做點什麼？肘子？烤鴨？」——他故意先說幾種油膩的菜。「誰吃那個！」經理又陸續說了幾個清淡的中價位菜，都被採納了——麻痺對方。最後假裝剛想起來：「怎麼把海參忘了！咱們店的招牌菜呀！」又小聲說：「聽說是補腎的。」客人已經有點不耐煩了：「行，行，就這麼著吧。快點！」——嘿嘿，拖延戰術成功。

那還不快，現成的！借著「蔥燒海參」，經理又順口說「名菜配名酒」，趁勢換了一瓶「五糧液」。老將出馬，果然不同凡響。一頓飯結帳下來一千多。錢雖不算太多，事兒辦得漂亮。套句管理學上的術語，那叫「策略運用得宜」。此事後來成為經典，該經理也成為傳奇人物。

說到這裡，讀者未免倒吸一口涼氣，甚至會回顧自己是否也曾被騙。其實也沒那麼險惡，絕大多數情況還是正常推銷，服務員也並非都有提成。餐館明白，推銷變質食品的「違法成本」很高，風險很大。一個不小心，最輕的是賠禮道歉，退菜；弄不好顧客不「買單」，甚至到衛生監督部門舉報，那可就因小失大了。

不過對於過分熱情的推銷，特別是建議您換個菜的，那您就要當心了！

促銷員那溫柔的一刀──酒水促銷的名堂

如今飯館服務員的分工越來越細，由過去開單、上菜、收桌「一人負責」，分化為迎賓(領位)、開單、上菜、服務、撤餐，各司其職。除此之外，還有一些身份特殊的人，在飯館上班，卻不在那裡領工資，這些人就是「促銷人員」。這些人的工作服上有的直接印上廠家廣告，也有的人雖然穿飯館的工作服，但顏色、樣式卻有所區別。

當前，「促銷」亦頗有高下之分。北京中關村各電腦城，隨著電腦普及化，從業人員的素質降低得更快。促銷者喋喋不休、拉拉扯扯日益令人生厭。房屋銷售現場，因房市不斷「拉高」，無須「促」而猛銷，賣屋小姐更是隨之身價倍增，「冷眼向洋看世界」。惟有飯館的促銷人員，年復一年、日復一日，「桃花依舊笑春風」。

那麼，飯館裡的促銷員，究竟是幹什麼的呢？不外乎促銷酒水。

🔒 茶博士眼力非凡

先說茶水。一般餐廳裡都有自己的茶，以壺計價，每壺十元到幾十元不等。但社會上也有專門「包茶水」的，提供各種茶葉和茶具，以小蓋碗為主，龍井、毛尖、烏龍、八寶等，每位至少十元，可以「按需沖泡、問位開茶」。這種方式比整壺式要方便得多，客人可以按照自己的愛好點茶，更能體現個性。沖茶續水時，手提長嘴銅壺的茶倌時而「蘇秦背劍」、時而「犀牛望月」，姿態颯爽，頗具觀賞性。興起時來個絕活，引得一片讚嘆。顧客飲茶之餘，在等菜的枯燥或閒聊的空檔中，也可以增添一些話題。

這麼好的事，餐館老闆為什麼自己不做，而要包給外面？這就有一個成本核算的問題。如果自己做，除了全套器具外，還要專門養一個「茶

倌」，雅稱「茶博士」。而每天能賣出幾碗茶並無保証，資金效益和人員效益都不高。如果外包，則一不出錢，二不出人，最多只是提供開水。可無論賣多少錢都是「二一添做五」，旱澇保收。除了經濟收入，茶倌「雜技式」的表演，也可以吸引注意、提高人氣。

如此一來，餐館老闆固然高枕無憂，茶倌的老闆可就要絞盡腦汁了。對茶倌有銷售配額，完成了才有「底薪」，超額可以提成。對於茶倌而言，要完成銷售定額，憑的卻不是茶香，而是眼尖、嘴甜。先是要從諸多食客中估計出「潛在茶客」。首先是外賓和花公款的，其次是旅遊和請客的，最後是男女白領小資、情人密友。對於家庭親友、老人兒童則只是虛問一下，並不太重視。因為這些人要喝也是壺茶，並無細品香茗的雅興或不計價格的豪爽。

選定目標後，茶博士便根據對方的情況「對症下藥」。在遞上「茶單」的同時，介紹各種茶的產地、特點、品級。對有實力的，先行問候，再行恭維，然後冬季「普洱」、夏季「烏龍」、春天「龍井」、秋天「白毫」，從天時說到地利，兼顧人和，動聽程度遠勝過媒體上××茶的廣告。直到客人如夢方醒，彷彿總算找到了自己或體力不支、精神倦怠，或食慾不振、失眠健忘的原因皆是沒盡早喝到這杯40元的「仙茶」之過(茶葉成本不超過1元)，情願挨上這溫柔的一刀！茶倌一旦推銷得手，便有幾十、上百元的流水(營業額)。

當然，也有沒「說服」成功的時候。茶倌照樣面如桃花，絕無訕訕之狀，更不會拂袖而去。他不敢得罪客人，否則老闆那兒有得瞧的。

不過，現在的顧客千錘百煉，是從奸商的刀山火海中衝殺出來的，一般的小招術是不太靈了。以喝茶而論，有錢的去茶藝館擺譜，一般的來壺菊花將就，聰明的乾脆要杯白水。所以茶倌的生意也並不好做，弄不好連工資都不夠，常常不辭而別或被老闆炒魷魚。

茶倌的老闆大多也是茶倌出身(也有少數開茶藝館的)，自己先給別人打工，一年半載之後，摸出了門道而另起爐灶，招幾個夥計便開張了。從事

這行投資小、門檻低，很容易入手，但收入沒有保証，更發不了財，最多能混個溫飽。現在從業者已大大減少，顧客雖不挨宰，吃飯時卻也少了些許觀賞茶博士銅壺飛舞的樂趣。

🔒 酒促小姐手段高超

促銷員中的「花蝴蝶」是酒促小姐。她們身材苗條、面容姣好，大多穿著印有品牌廣告的服裝或佩帶相關標記穿梭奔走於各桌之間，頗能引起顧客的注意。

酒促也分幾類。一是廠家搞促銷，啤酒節之類活動。人員多、活動大，在正常銷售外還常伴有品嚐、打折、贈送，甚至抽大獎等節目。這些活動往往在比較大的餐館進行，廠家提供橫幅、海報、宣傳品、贈酒等全套用品，還組織小型的宣傳推銷隊伍到場，以壯聲勢。廠家並不特別追求活動期間賣了多少酒，他們要的是人氣，以便給競爭對手施加壓力，為日後占領市場、增加銷售額而努力。

餐館老闆自然不傻，往往會乘機提出一些平日不便的要求。例如活動進場費、進貨價格折扣、桌椅陽傘，甚至運輸車輛等要求，大多能如願以償。活動的結果是廠家花錢造勢、店家人財雙收、顧客喝酒捧場。

也有「忿忿不平」的，那就是競爭對手。有的過些日子也照樣來一齣好戲；有的則暗中較勁，用價格等手段抵消對方的影響。每年六、七、八三個月的啤酒大戰，便是酒促人員施展身手的大好時機。

除此之外，更多的是日常駐店促銷，以高中檔白酒、葡萄酒和洋酒為主。這些酒價格較高，如果沒有促銷手段，僅靠自然銷售很難出類拔萃，常會淹沒在酒海中。這時便有了酒促人員的用武之地。

每到「飯點」時，常可見點菜員身邊有一位小姐，笑容可掬地詢問各位「大哥」用點兒什麼酒。一旦「有譜」，便不失時機地介紹說：「您還不如喝××酒呢，酒精度數不太高，價錢也挺合適的，不妨您先試試

看！」

除了愛喝「二鍋頭」的，許多人對白酒並無固定的品牌忠誠度，品飲也可以。何況還有這樣一位「小妹」在推薦。

「小妹」順利推銷後，除完成銷售定額，自己也有不少錢入賬。如果是在包廂，特別是熟悉的顧客，可能會更直接一些：「大哥！我還差兩瓶定額呢，您幫幫我吧！」「大哥」礙於面子，只好點一瓶，嘴裡不說，心裡卻犯嘀咕。

也有借機提出要「酒促小姐」陪喝幾杯的。沒問題，肯定給面子。但僅限喝一兩杯酒，如有過分要求的，對不起，借上洗手間之機，拜拜了。

其實，許多餐館老闆對駐店促銷員都不太歡迎。短時間還可以，久了可不行。雖然表面看起來她們不拿工資，多賣的酒收入也歸餐館，提成只是從酒商那裡拿。但是她們進店就意味著破壞了其他酒商公平競爭的局面，老闆不願因此出現「風景一家獨好」，這樣一來會造成其他酒商的不滿，而進店促銷的酒商「坐大」也不便控制。一旦其他酒商聯手「制裁」，例如減少供貨品種、壓縮結賬周期甚至撤貨，將會對本店名聲和資金周轉造成嚴重後果(大多數餐館對固定供貨商採用定期結算的方法，用別人的錢做自己的生意。如果都要求「現買現結」，他哪有那麼多資金？！)。

還有一點是老闆不能不防的。因為酒促小姐的工作和收入都比餐館服務員強一些，往往引起服務員的欽羨，再加上酒促小姐的游說和勾引，致使某些自身條件不錯的服務員以各種理由辭職轉投「酒促」。甚至不要工資和押金不辭而別。餐館培養一個好服務員也不容易，誰願意肥水落入外人田呢？除了用各種安撫手段，「閉關鎖國」、防患於未然也不可忽視。

因此，有著一張笑臉的酒促小姐，似乎成了不受老闆和顧客歡迎的人。

退菜的策略——迂迴與狙擊

一開始就要高姿態／一來一往見招拆招／兵不血刃的太極推手／什麼菜是必退之菜／有效催菜的基本原則／難逃鬱悶的局面

除了職業鬧事者，誰去飯館吃飯都不是為了退菜索賠，更不願意生一肚子悶氣。可有時候，這菜讓您實在沒法吃，非退不可。否則不但當時生氣，事後也難免耿耿於懷。退菜，在餐飲業界稱為「取消」，看似簡單，其實也需要一定的知識和技巧。

🔓 一開始就要高姿態

例如您點了一個「炒豬肝」，一嘗太鹹，找來服務員。人家很殷勤：「我讓廚房再給您加加工，處理一下。」怎麼「加工處理」啊？就是用熱水沖漂一下，回鍋再炒。您想，那能好吃嗎？

果然，雖說不那麼鹹了，可豬肝變得死硬！有心找店家理論，又覺得已經麻煩人家一回了，不好意思。只能自己忍了，湊合著吃吧！

毛病出在哪兒？您的姿態太低了，從一開始就應該要求重炒，而且要把原來的留在桌上或服務臺上，新的上來再撤。這類菜吃的是火候，根本不能回鍋。當然，在提要求時要把服務員可能會說的話先堵住，態度要堅決，讓他知道您不好糊弄。不過，口氣不必過硬。

🔓 一來一往見招拆招

還有這麼一件事：同事三人吃飯，點了半斤「白灼基圍蝦◎」。

◎基圍蝦：海蝦，又名花虎蝦，沙蝦。

　　當場雖把生蝦拿來，可是大家也沒細看。等做好了擺上桌再一端詳，個頭小不說，一共不到二十隻，明擺著被「黑」了！憑自己的智商和白領心態，幾個人很生氣，後果雖不嚴重，但也得教訓一下奸商。其中一個人就說：「你這夠半斤嗎？」服務員伶牙俐齒，見慣不驚：「肯定夠！」再相持幾句，服務員見勢不妙，搬來領班，自己全身而退。領班佯裝不知，先笑問：「什麼事呀？」然後解釋道：「活蝦個大、份量重，灼好以後水分會縮一些，就顯得小了。」

　　此時顧客有兩種選擇：一，自認倒楣，以後不再光臨；二，當場再稱半斤生蝦，比較一下。可這兩招都非上策。第一招，瞪著眼明吃啞巴虧，心中必定忿忿然。第二招動作過大，且無法當場驗定是否為「黑心秤」，勝負難料。幾人不禁略顯遲疑。領班見狀心中竊喜，正待「得勝還朝」，只聽一聲「且慢」！另一人手指盤中蝦問道：「這都是活蝦嗎？」「肯定都是！」領班也不肯嘴軟。「那怎麼一半多的蝦尾巴都並著哪？把這菜取消！」聞聽此言，領班暗自叫苦，今番遇見剋星了！滿以為自己「見招拆招」，穩操勝券，哪知此人還有「後招」接手。遂不敢戀戰，找一個台階開溜：「我給您問問去吧。」

　　再上場的自稱經理，先是大聲批評：「那服務員是新來的，端錯了。我已經批評他了，扣他佣金。」讓您出出氣。然後小聲撫慰：「我讓後邊再給您幾位重做一份，多送您點兒。」這樣的處理，您還能說什麼？

　　片刻之後，又端來一盤，無論個頭和數量，與上盤相比都是新舊社會兩重天。峰迴路轉、柳暗花明，幾個人邊吃邊聊，那兩個人就問了：「蝦尾巴是怎麼回事？」這個回答：「活蝦尾巴都是張開的，像扇子一樣。死蝦尾巴是閉攏的。」說完用手模仿了一下，「剛才我看那盤蝦，想起看過的一本點菜的書，好像書名叫《點菜的門道》，裡面介紹過這個經驗。」

　　難怪人說「書中自有黃金屋」，看來還真是開卷有益。

　　有了勝利果實，這頓飯自然吃得有滋有味。而店家自知遇見了高手，更不敢怠慢，為息事寧人，最後又送了一盤水果。

再遇上退菜怎麼辦？首先，退菜換菜要師出有名。份量多少一時難辨，而蝦尾巴開合卻是有目共睹，且無法作假。「打蛇打七寸」，抓住要害，往往事半功倍。特別是在屬於弄虛作假的情況下，店家自知理虧，不願鬧大，都會息事寧人。

另外，也要掌握「有理有利有節」的原則，不大吵大鬧，見好就收。既給對方台階下，也免得自己生氣。

🔒 兵不血刃的太極推手

其實最成功的還是那個經理。多會說話！「端錯了」三個字將缺斤短兩的事輕輕一筆帶過；「重做一份」又將幾位穩住；「多送您一點兒」則許以小惠，使人不再張揚，以免引發「鄰桌效應」。此刻即使顧客心有不甘也不便繼續發作。半斤基圍蝦成本沒多少錢，端回去的死蝦還能做「椒鹽炸」或「香辣炒」，一點不糟蹋，毫無損失。真要退了，不但一分錢掙不著，且臉上無光、被人嘲笑。換一盤既掙了錢，一場風波也就此化解。高招！實在是高招！

無獨有偶。筆者於20世紀60年代時，曾與老東安市場「豆汁何」老闆何玉秀老先生共事。何老曾笑談東安市場某賣糖果的攤主「小毛子」短斤缺兩的趣聞。一旦遇有顧客氣沖沖「找老闆」質問，毛某必定神閒、不慌不忙，雙手接過包糖的紙包，先將客人穩住，然後用手指從紙包下面摳開一小窟窿，翻過來，故作驚訝：「喲，這紙擠破了，糖漏出去了！」一個「擠」字，將黑心秤的責任推得一乾二淨，還讓您不好再說什麼。本來嘛，紙包是您自己沒拿好擠破的。毛某隨手將紙包撕開，糖果散落於大堆內，「死無對証」。接著說：「我給您補齊囉！」再稱，秤高高的，還「饒」您幾塊。您明知他作假，也不好發作。

毛某暗地說：「不能承認『少分量』，饒得起那糖，丟不起那人，以後還怎麼做買賣？」

　　餐館經理的手段與「小毛子」有得比，兵不血刃，都可算是江湖高手，只不過毛某的「太極推手」功夫更好。

什麼菜是必退之菜

　　也有的菜則是因為技術問題，非退不可。

　　某次，幾個人點了個「拔絲蘋果」。上來一看，糖炒得欠火，沒有拔絲效果。行內話叫「脫褲子」。服務員也無言以對，稍加交涉即提議再拔一個。其中一個內行的客人說，還是退了吧。店方同意，沒廢話。

　　提醒您：這個菜不要重做，必須退！這是因為師傅不在，徒弟「拔」的，技術不到家，沒掌握「拔絲」的要領，再做二回也是白搭。真要再端一個還不行，您就不好意思退了。

　　還有折衷的辦法，就是改個菜，但千萬不要換同類菜。「拔絲蘋果」拔不好，「拔絲山藥」、「拔絲香蕉」也沒戲唱！

有效催菜的基本原則

　　在飯館吃飯，還經常出現上菜過慢，一催就說「快了」，一要求退菜就說「正在做呢」。結果快吃完了菜才來，只好打包。如果遇到這種情況，要與服務員說定個時間，超過幾分鐘則不要。一則有效催促，二則為萬一退菜預設立場，爭取主導權。不過，一定要分清楚是否因店內食客過多所致，否則不得人心，小題大做，甚至無理取鬧。正常情況下，「飯口◎」時一桌菜在三、四十分鐘上齊並不算慢。如果您時間緊張◎，最好別點

◎飯口：用餐尖峰時段，中午12點半前後、晚上7點前後是顧客最集中的時候，大陸習慣稱此段時間為「飯口」（或稱「飯點」）。

◎緊張：意指「緊迫」或「嚴重」之意，大陸用語，與台灣一般所說的「緊張」之意不同。

費事費工的菜，例如魚、肘子之類的。最快的就是肉類炒菜，炒肉丁、炒肉片之類的。

上得慢的菜究竟要不要退，可根據現場情況，以時間和心境為原則。若是有時間，餐廳環境和菜的味道也都還不錯，不妨等一等，否則要當機立斷。對於經常光顧的店，就只好包涵了，以免斷了後路。

🔒 難逃鬱悶的局面

最難辦的，就是明明察覺這菜有毛病、不對勁，卻又找不到名正言順的理由退換，鬱悶！例如主料少、配料多，欠火、過火，偏酸、偏辣，店家都可以說「我們這兒就是這樣的」來搪塞你，態度還挺惡劣的，結果把小事鬧大。也有因此真把顧客惹急了，你不仁，別怪我不義。「你退不退？到時候我可不結賬！」如果店家還不妥協，甚至最後會出現顧客真的不結賬，揚言：「要不你就打110◎，要不你就讓我走！」您說讓他走嗎？還就得讓他走！先不說「110」來了怎麼處理，門口三天兩頭老停著警車，可怎麼辦，這生意就別做了！

鮮榨果汁的玄機──榨果汁？還是榨錢包？

果汁的前世今生／喝水果是品味／鮮榨汁的賺錢門道／買鮮榨汁之前先恬量差距／慎喝果汁勿過量

前日在超市購物，順便買了個西瓜，5元5角。到旁邊飯館吃飯時，服務員推薦鮮榨西瓜汁，每杯6元。看看身邊剛買來的這十多斤重的西

◎110：意指公安、警察來處理了，110是報案時撥打的電話。

瓜，根據經驗，至少能榨出5杯，於是謝絕了。

🔒 果汁的前世今生

　　果汁進入大陸人的生活中，也就是這二十多年，資歷最老的當屬「果茶」（一種山楂果汁製品）。開始是玻璃瓶裝，銷路還不錯。以後利樂包裝產品一哄而起，各種果汁和冠以果汁之名的東西鋪天蓋地而來，各種廣告在媒體上輪番轟炸，終於把消費者炸醒了：如果不是暴利，哪來那麼多錢做廣告。後來才知道，所謂「名牌」果汁基本成分如下：香精、色素、糖精、增稠劑、甜蜜素、防腐劑，不就是「三精水」嗎！而看起來黏稠只不過加了黃原膠作增稠劑。價格更能嚇您一跳！某種當時家喻戶曉的方盒飲料，市場零售價1元，而「可食部分」，即盒中能喝的，成本僅4分錢而已。

　　此類飲料很快重覆了「火腿腸◎」的命運。當年火腿腸風行一時，而後來「金牌雙優」逐漸變成「麵棍」──肉沒了，淨剩下麵了！其蛻變的過程，就是被老百姓封殺的過程。現在沒人再吃那玩意兒，誰說「買的沒有賣的精」！

　　果汁也很快遭遇「緊箍咒」。有關部門規定：只有純果汁含量達到95%以上的才可以稱為「果汁」；達不到的則稱為「果汁飲料」；如果連5%含量都達不到，對不起，那就只能叫「果味飲料」了。於是「照妖鏡」下，大批「妖魔鬼怪鬼」現形，或中箭落馬，或面臨重新擇業，不知又會坑害多少人。

　　正牌大廠的日子也不好過。人們發現，「包裝果汁」所含的多種化學成分距離「健康食品」實在相差太遠。儘管廠家使出渾身解數，「包裝果汁」已風光不再。在這種形勢下，人們轉向綠色、天然、健康的鮮榨果汁，從「吃水果」變成「喝水果」。

◎火腿腸：即台灣所吃的「小熱狗」。

🔒 喝水果是品味

十年前的北京大飯店，鮮榨果汁還是帶有某些貴族色彩的飲料。水果吧上排放著鳳梨、哈密瓜、蘋果、柳丁、鴨梨、西瓜等品種水果，服務員衣著整潔、手戴手套，笑容可掬地迎候顧客，營造著一種高雅衛生文明的氛圍。喝鮮果汁的以外賓、女士、兒童居多。價格往往是鮮水果的八到十倍。所以，桌面上擺一札◎鮮榨汁也是很有品味的事，顯得「有面子」。

此時，大多數社會餐館並不看好鮮果汁，主要是價格高，喝的人不多。也有人發現了商機，就是「包榨汁的」。所謂「包」，就是由外邊的人承包。這些人從深圳、廣州瞭解到這一新興行業，花數千元買一台進口榨汁機(剛開始義大利機器要七八千元)，配上一台水果保鮮櫃以及砧板、水果刀等器具，「生財工具」就算齊了。找到生意不錯的餐館，和老闆商洽。一般是人員設備「包榨汁」的出，輔助用品及水具(杯、紮)歸餐館負責，流水(營業額)按五五分成。

🔒 鮮榨汁的賺錢門道

北京人老曹，白淨臉兒，文化程度不詳，自稱「大學差幾個學分沒畢業」。原是某工廠工人，後辭職下海。擺過服裝攤、批發過冷飲，都沒成氣候。心灰意冷之時，有個在「練攤◎」進貨時認識的廣東人找到老曹，此「老廣」已改行在北京某飯店內餐廳「包榨汁」，因生意不好，便稱家裡有事，想把所有東西轉讓給他「接盤◎」。老曹多個心眼兒，怕砸了，只說手裡沒那麼多錢。於是僅付了一半現金，剩下的打個白條◎，言明一年內付清。

◎一札：在大陸泛指一壺用1.5公升的冷水壺裝的果汁或豆漿。

◎練攤：就是台灣說的「擺路邊攤」做小生意。

◎接盤：盤下店面、盤下生意、接手的意思。

　　老曹沒食言，不到半年就把錢匯過去了，同時還讓廣東人代購了三台榨汁機。不用說，生意太「火◎」了！

　　老曹比「老廣」會來事兒◎。時常暗中給餐廳服務員「紅包」，或是下班後一起去歌廳唱歌，人際關係極好，甚至日後與其中一人喜結良緣。如此一來，服務員自然竭力推銷。當時一杯橙汁24元、鳳梨汁22元，五五分賬，除去水果成本，至少剩下一半。雇兩個銷售員，一天工資還到不了半札果汁錢。每天能賣上百杯，營業額兩三千元。老曹一個月掙多少錢？您幫他算算吧，暴利呀！

　　話說老曹掙了錢，餐廳卻心有不甘，便打起小九九◎。一邊托人買設備，一邊藉「餐廳法人代表變更」為名，提出解除協議。要繼續合作也行，另談，分成比例改三七分帳。老曹多機靈，一看形勢不對，明擺著是轟他走，就主動提出把所有設備一齊轉讓，賣了個高價。自己拿著錢、帶著老婆，大大方方地撤了。

　　此刻的老曹已經看出門道，趁著社會的餐館酒樓還沒什麼人做這個，老闆也不清楚箇中奧妙，要搶個先機。

　　早先在飯店「包場」時，曾收過幾個對此感興趣的餐館老闆的名片，於是便按圖索驥、一一拜訪，合作條件也十分克己。老闆一看，自己不用投資、不用出人，只等著分錢。簡直「平地摳餅」、「空手套白狼」，多好的事呀，還有什麼不做的，立刻就都同意了。此時榨汁機已有珠海產品，質量雖稍差，但價格卻便宜不少。三台機器花了不到一萬五，再買上幾台二手保鮮櫃，又培訓了幾個人，老曹的「健康飲料樂園」就開張了！

◎白條：手寫的契約，白紙黑字寫明內容，並蓋上印章以示效力。

◎火：意指生意很好，大陸用語，多用「紅火」或「火」來描述「很好」、「熱烈」的意思。

◎來事兒：意指很會「汲汲營營」於人際關係。

◎小九九：泛指盤算、算計私利的行為或想法。

剛開始生意確實挺火，老曹感覺「這生意做對了」！數錢比幹活還累。豈料一陣春風吹過，不到兩年，已是「遍地英雄下夕煙」。正應了那句老話：人無千日好，花無百日紅。原計劃要做三年的老曹無奈地發現，榨汁機不再奇貨可居，餐館老闆也不再擔心投資何時回籠，紛紛自己上馬。最令人生氣的是，一杯果汁的錢居然降到一半，而這正是富人不再適宜擺闊、窮人又喝不起的價格。不過此時老曹又尋到了賺錢的新門道，便趁著與餐館合作期未滿，把設備轉讓給夥計，自己抽身而去。

知道了老曹的這點事，您也就基本清楚鮮榨汁的玄機了。

🔒 買鮮榨汁之前先惦量差距

某些餐館老闆自己買到榨汁機，彷彿到手「搖錢樹」。為實現利潤最大化，不惜使用各種短期行為：摻水的、用低價水果偷梁換柱的。以至顧客除了對價格斟酌之外，還對品質充滿擔心，簡直視「鮮榨汁」為陷阱。

常有因品質份量而起的糾紛。例如梨汁、蘋果汁會「發鏽」，西瓜汁會「分層」，也許並非是剩貨或對了水，可是顧客會本能地與街頭小販的摻雜使假、短斤缺兩聯想起來，店家也往往有口難辯，再加上不菲的價格，於是便使鮮榨汁蒙上了陰影。市場經濟講究的是信用，尚未完全擺脫農業經濟影響的消費觀念，講究的是眼見為實，二者的衝突更使鮮榨汁陷入尷尬的經營期。擺脫的途徑只有「誠信」與「價格」。

老曹的果汁雖貴，但是絕不摻假，更不對水。他還研究出防止蘋果汁「發鏽」變色的絕招，連夥計都不知道其中名堂。老曹明白，鮮榨汁這類東西，賣的是品味、是品質，如果讓顧客捂住錢包、瞪著眼睛，盯著你榨汁，那你還掙誰的錢呢！這也算職業道德或生財有道吧。

如今，鮮榨汁雖然身價大跌，但仍未像當年檯球。在中國從「紳士運

◎檯球：即為台灣所說的運動——「撞球」。

動」降為「街頭娛樂」一樣，成為大眾飲料。顧客想喝時，仍要掂量掂量「性價比」◎，問一聲：「這果汁跟水果，差距咋恁大呢？」不過，若跟30元一壺的茶比起來，總算有些「真東西」。

🔒 慎喝果汁勿過量

　　最後，需要提醒一下，根據營養專家的建議，無論包裝果汁還是鮮榨果汁，都不適宜過量飲用，特別是不能以果汁代替水。因為果汁(尤其包裝果汁)中含有較多的糖、電解質和有機酸，容易造成人體糖代謝和電解質代謝紊亂，或酸鹼度失衡，造成「貧血」、「厭食」或所謂的「果汁尿」，嚴重影響身體健康。

飯點時間慎點菜──別挑最忙的時候來用餐

> 什麼叫「飯點」？／「禮送出境」的催客招數／「沽清」以減少麻煩／看破冰鎮菜點的把戲／無可奈何的對策

🔒 什麼叫「飯點」？

　　除了24小時營業的不打烊餐廳，一般餐館主要供應午、晚兩頓飯。時間大多為11:00-14:00，17:00-22:00。中午12點半前後、晚上7點前後是顧客最集中的時候，稱為「飯點」（或稱「飯口」），生意最忙，常常要「翻台◎」，前桌客人剛走，服務員立即撤餐具、擦桌子、擺放新餐具，然

◎性價比：即台灣說的價格功能比。

◎翻台：就是台灣餐飲界所說的「翻桌」，意思是這一桌客人用餐完畢之後，服務員整理擦桌之後，給下一批來用餐的客人使用；翻桌，意指一個餐桌，有好幾梯次客人來用餐。

後請另一波客人坐下。「飯點」是飯館人氣最旺的時候，也是老闆賺錢的黃金時段，營業額要占全天的七成以上。「飯點」時間若是人氣不足，不僅影響餐館的形象、員工的士氣，更直接影響當天的流水(營業額)。

看一家餐館「火不火」或是能否開下去，最簡單、最直接的方法，就是在「飯點」時段數一數餐桌，坐滿四成的基本可以「保本」，六成以上可以贏利，不足四成、甚至寥寥無幾的就「懸◎」了，扛不了幾個月就得關張◎。

🔒「禮送出境」的催客招數

對於生意清淡的餐館來說，吸引客源是首要任務。「飯點」時分，一桌客人坐兩個小時也無所謂，還可以當「托兒」，用以維持人氣，招攬他客。而對於生意紅火的餐館則正相反：門口已經有客人在排隊等位，可吃完飯的客人卻談興正濃，遲遲不走，又不能「轟趕」客人。眼看到手的錢不能賺，你說老闆心裡著急不著急？

此刻不用老闆說話，「盯台◎」的服務員就知道自己「立功」的時候到了。平日主管、領班早有交待，只見這服務員一會兒來一趟，先是倒茶水，後是送擦手毛巾，再倒茶水，再送毛巾，直至客人醒悟，結賬離去。

當然，也有不理這套的顧客，你來你的，我坐我的，八方不動。這時該領班或主管出馬了。先仔細給客人「看面相」，如果是一夥男人，說話挺衝的，一看就非「善類」，則躲開，佯裝不知，隨他們去。別自找釘子碰，當

◎懸：指情況不妙的意思。

◎關張：意指關門歇業。

◎盯台：負責看著並隨時服務某幾桌客人的意思。

眾丟臉。若是男女相雜或白領小資，估計不會「翻車◎」，則先去端一水果盤，然後笑容可掬走近前來，道歉、自責、感謝，一通忽悠。中國是禮儀之邦，「當官不打送禮的」、「伸手不打笑臉人」。一道水果盤，就表明這餐飯該進入尾聲了，客人只好匆匆吃完果盤，乖乖告辭。

這個「禮送出境」的活兒可不是任何人都能做好的。經驗証明，絕非光會說好話就行，得有點「天賦」：最好是男性，相貌上得是中等個兒、略胖、圓臉盤、短頭髮，面帶憨厚、笑口常開，普通話標準，雖能說會道卻不令人生厭。凡此種種，有如「選秀」。而只有這樣才既不顯「怯」又不具「攻擊性」，容易被對方接受，有親和力。人們在「潛意識」裡願意面對比自己弱的人，從而使自己具有安全感和優越感。如果個頭太高則顯得「高人一等」，容易引發對立情緒；長臉顯得過於嚴肅，有「繃臉」之嫌；長髮則不像話、不莊重，光頭又像打手。選一個合適的「外交使節」，何其難也！

而如果是女性出馬，往往更麻煩。客人酒足飯飽閒得無聊，正好拿她開心解悶，結果常常事與願違。

北京的「簋街」（是知名的餐飲一條街）上某知名餐館就有這麼一個小夥子，四川人，一到北京先把名字改了，去掉鄉土氣，同時惡補普通話，然後從服務員做起，沒幾個月就當上見習領班。短短幾年間，從領班、主管一直做到外場經理。一個月工資抵得過在老家做一年。原因除了自己刻苦努力之外，主要是危機處理的高手。隨機應變，見什麼人說什麼話，多次化險為夷，堪稱「危機公關」大內高手，因此深得老闆器重。

◎翻車：翻臉的意思。

🔒 「沽清」以減少麻煩

不過高手再高，也不如讓客人速速自行離去。「上戰者，不戰而屈人之兵」。於是老闆在環境和菜餚上打起主意。上策是改善候餐環境，贈送免費茶水飲料，直至承諾打折，從而先留住候餐的客人。下策則是把電視機調得重影、看不清，音響聲音開大，鬧得就餐客人坐不住，吃完飯匆匆走人，以求耳根清淨。而在菜餚上的共同作法，首先是一次多炒幾個菜，變「單杓」為「大鍋」。再就是停售價格不高而又費火費時的菜，對客人則佯稱「沽清」（即售完之意）。

一般的炒菜，如宮保雞丁、魚香肉絲、火爆腰花之類，兩三分鐘即可出菜。而焦溜丸子則要經打餡、成型、炸製、烹汁等幾道程序，至少要多兩倍的時間。別看只差幾分鐘，客人一多就差很多，「分分秒秒都是寶貴的」。時間長了客人催菜，時間短丸子炸不熟，油溫高則外焦裡生，都是找著讓客人退菜的理由，純屬自找麻煩。與其如此，還不如「沽清」。

🔒 看破冰鎮菜點的把戲

也有些廚師，因為老闆不讓「沽清」太多，怕影響生意，就把雖然費時間但是又賣得較好的菜事先製出半成品，走菜時略一加工即可。時間固然快了，可菜的味道卻差了。您想想，當時現炸的丸子能和回鍋的丸子一個味兒嗎？

不僅是炒菜，冷葷、麵點都是如此。

冷葷一般事先排好盤，用保鮮膜一包住，入冰箱冷藏。走菜時把膜一揭開。到桌上一看：好樣的，還帶冰花呢！什麼食物都有入口時的適宜溫度。研究証明，30℃時，口腔中味蕾最活躍。在0℃和25℃，人對食物中的酸味感覺相差無幾，而對鹹味或甜味的感覺卻相差四五倍。香味是靠嗅覺感受的，更與溫度有直接關係。溫度高，分子振動速度快、能量大，嗅覺感受就更強烈。

這次您本來點的是「夫妻肺片」，室溫下吃正合適，現在倒好，改成「冰鎮」了！不但鮮香味打了折扣，還把腥味勾上來了。就著涼啤酒，越吃越腥，只好擺在那兒慢慢「緩」著。直到熱菜上齊了，一嘗，還有點「柴牙根兒」呢。

有些聰明的顧客，上菜時一看不對，就讓服務員換一個現切的。但有些服務員比你還精，當面承諾而去，轉身放入微波爐。加完熱，還不立刻端上來，略放一會兒，彷彿是新切的。如果你沒經驗，辨別不出刀口的新舊痕跡和盤子的溫度，那就徹底讓他騙了。

麵點稍微麻煩些：油炸的「沽清」，蒸的放冰箱，烤的提前出爐，就剩下烙餅。您要想吃，等著吧。他手裡攥著三十多張單子呢，也許到您吃完飯，餅也來不了。

說到這裡，您也許就明白了，為什麼到「飯點」時要慎重點菜，敢情有這麼多事等著您呢。

🔒 無可奈何的對策

應對的辦法，首先是錯開時間，別去湊熱鬧。或者找個人稍微少一些的館子。最後就只有在點菜時想辦法了。

我能提醒您的，一是別點高檔菜，「蘿蔔快了不洗泥」，好菜吃不出好味來。二是別點費事費工的菜，絕對做不出應有的水準。三是點菜時言明，如果上菜太慢，超過多長時間就不要了。服務員怕退菜，會主動幫您催促。

話說回來，如果您沒什麼事，就稍微多等一會兒。本來上餐館吃飯是件挺高興的事，犯不上為等菜生一肚子氣。再說，老闆也不容易，就指著「飯點」多賺點錢。就像服務員所說的：「您就多包涵點吧！」。

第二章

迷人的陷阱——

透視種種玄機

迷人的陷阱——透視種種玄機

包裝華麗的菜單—讀懂菜單吃遍天下

愈來愈精緻的葵花寶典／菜單會「說話」／讀懂菜單的六大訣竅

現代人做什麼都講究「包裝」，而在諸多行業中，堪稱「包裝」最為極致的當屬餐館。從門面開始，到內部裝潢、傢俱裝飾、服務員服裝，最後到菜品用具、盤飾妝點，無不體現經營者的精雕細琢。

愈來愈精緻的葵花寶典

如某傳統院式餐廳，門前有中式牌樓，門頭是中式門樓，青磚細瓦、油漆彩繪、金碧輝煌。餐廳內滿堂榆木擦漆的八仙桌、「官帽」椅；堂屋靠牆的條案上擺放撣瓶、帽鏡，體現北京人追求的「平靜(瓶、鏡)」生活。若再擺上大座鐘，便是「平靜終生(鐘聲)」了。牆上「中堂」是名人字畫，旁邊為一副對聯，看落款能嚇人一跳，其實皆為「高仿◎」。兩側牆面是「丈二匹(12尺)」的長軸山水畫或梅蘭竹菊的「四扇屏」，高大些的房子甚至懸掛一方匾額，古色古香，令人神往。包廂內多寶格上，因地制宜地擺些瓷瓶、銅鼎、唐三彩，牆上裝飾木製雕花窗扇，營造出良好的文化藝術氛圍。服務員身著中式褂襖(現在稱之為「唐裝」)穿梭往來，薄施脂粉，淡掃娥眉，秀色可餐，令人目不暇給。這麼多名堂在裡面，這樣的飯，您說得多少錢一頓啊？

門面裝潢人員都上場，最後出場的，便是菜單。

◎高仿：高級仿製品。

　　如今的菜單與前幾年相比，實在令人刮目相看。不僅製作精美，「個頭」也越來越大。封面是絲綢、皮革的已屬平常，甚至裝在紫檀木「書匣」內都不足為奇。一些名店的菜單，由於內容豐富、製作精美，往往成為同業處心積慮「蒐羅」的目標。眾矢之的，防不勝防，丟失在所難免。即便當場「人贓俱獲」，你又能如何？孔乙己老先生有言在先：「偷書不算偷！」

　　對於餐館，先不說「智慧財產權」，只說菜單的造價成本就不低，動輒數百元，一旦丟失，損失不輕。把菜單SIZE做大不僅可以震住顧客、抬高身價，也為同行趁人不備順手牽羊，放入包中或衣服裡增加了難度，能起一些防護作用。

　　有經驗的服務員會特別注意如下情況：一桌十來個男人，要來幾本菜譜同時看，翻來覆去點不了幾個菜，上菜後先不吃，仔細研究，吃完飯一哄而去。這些人往往是某餐館的廚師，甚至包括老闆，集體到此「取經」。遇此情況若不及時回收菜單，事後清點必有丟失。

　　對餐館來說，菜單就是他的「江湖秘笈」。對顧客來說，菜單就是了解餐館的「葵花寶典」。不論餐廳硬體如何，菜單都傳達著更直接更準確的資訊。

🔒 菜單會「說話」

　　前文中說到顧客反覆翻閱菜單仍感覺點菜費勁，除對菜品不熟悉外，與該菜單的設計、印刷也有很大關係。好的菜單除了宣傳介紹本店菜品之外，還會注意到如何方便顧客閱讀、選擇，以下幾點必須注意：

1.菜品的分類要合理，冷盤、熱菜、主食、酒類和飲料各列其位。

2.菜品的原料、口味、價格應按一定規則排列組合。

3.特色菜和重點推銷菜要醒目突出，同時注意版面美觀和諧。

4.照片與文字相結合，並有適當的介紹或標注(例如原料等級、份量大小、

麻辣程度等)。

5.在印刷裝幀上力求清晰悅目，不過於奢華，同時要考慮閱覽方便、結實耐用。

　　菜單製作價格不菲，應能使用半年以上。按每天翻閱50次計，要有近1萬次的壽命。如果缺頁折損或汙穢油膩都會給客人極不愉快的印象，甚至令人產生難以信任的感覺，使餐廳對顧客「從進門起培養好感」的努力毀於一旦。

　　實際情況也是這樣。如果您在飯館看到的是一張列印粗糙的單頁菜單，那可能是餐館剛開業不久或剛頂讓接手運轉，菜餚還沒最後確定，正在「磨合」，尚未(或無力)印刷正式菜單。對這種餐館您還是小心為上。

　　也有些小飯館的菜單上，菜名、價格改來改去，或部分菜名被遮擋卻另附一頁「最新推出」的菜名。這種情況極有可能是換了廚師。一朝天子一朝臣，一個廚師一套菜。新上任的廚師為了展現自己的技術和風格，肯定會換菜。老闆為延續餐館的風格又會保留一部分「賣得好」的菜。折衷的結果便是新舊結合，先賣一段時間看看。如果這是您原來常去的地方，不妨問問和您熟識的服務員，是否換了大廚。新廚師未必不好，或許正是因為技術更好才取代了原任廚師。這種情況適宜先嚐嚐新菜，再做決定。

　　如果是原來熟悉的餐館，隔段時間再去，發現內部裝潢雖無大變，但是菜單面目全非，服務員工服裝也變了樣。不用問，不但換了廚師，連老闆都換了！

　　這是菜單傳達給我們的初步資訊。

　　細看菜單，如果感覺單調，缺乏特色和新意，似曾相識。那麼這八成是從別處「抄襲」而來。或許是由印刷廠美工設計，老闆本人又不太懂，提不出修改意見，更捨不得花錢請專業人員設計。

　　這種菜單代表了該餐館廚師的技術水準(仿製)，也代表老闆的管理水準

(外行)。

　　至於油黷不堪的菜單，除說明經營者的漫不經心之外(多在「老字號」)，還襯托出老闆的自以為是或吝嗇(個體戶小店)。如果連這樣的菜單都不換，菜品的質量、衛生又怎能讓人放心？除非您真想吃吃看這裡的菜，不在意其他的，否則還是另換一家吧。

🔒 讀懂菜單的六大訣竅

1、概貌

　　透過菜單的大小薄厚、印刷裝幀品質，就可以大致判斷餐館的等級。再瀏覽一下主要菜品的數量和等級，還可以瞭解菜系、風味、特色，進而瞭解餐館的技術能力、菜品「正宗」與否，從而減少點菜的盲目性。例如在廣東菜館內看到一本華麗的菜單，冷盤、熱菜、湯羹、點心品項齊全，每類都在二三十種以上；涼菜包括乳豬、燒鵝、鹽雞、鹵水類；主打熱菜除「燕翅鮑」外，都是「西檸蝦球」、「香滑鱸魚」、「咕嚕肉(咕咾肉)」、「蠔油牛肉」等粵菜名品，那麼便可以判定這是一家經營不錯的中高級「正宗」粵菜館，品質應該是可以保證的。

　　反之，標明「粵菜」但正宗粵菜數量不多，中間又夾雜了一些如「水煮肉」、「東坡肘子」、「宮保雞丁」、「剁椒魚頭」之類非粵菜或師出無名的「烏龍菜」(指菜系混雜的「創意菜」)，如「桑拿魚柳」等，則說明餐館經營欠佳，病急亂投醫，已經無法靠品質高的菜品和服務吸引顧客，只能無奈地添加「流行菜」，以求大小通吃、左右逢源。此種餐館，家常小吃還無所謂，若是宴客就要掛酌了。

　　當然，這裡不包括已標明「川粵風味」、「湘楚風味」的餐廳。

2、順序

　　大部分菜單按照冷盤、熱菜(肉類、禽類、蔬菜類)、湯羹、主食麵點、

酒類飲料的類別順序排列。海鮮類(包括淡水魚蝦)及野味常單列或併入熱菜中。每個類別按價格、原料種類排列組合。點菜時要分清類別，尤其是冷盤，僅憑菜名或照片不易準確區分。例如「麻辣雞絲」就有冷、熱兩種做法。「山東海參」就是個湯，別當成大菜。如果不確定可以問問服務員。

3、價格

　　一般菜單按照價格高低排列，但也有的把低價位菜排在角落裡，讓人難以發現而去點中價位菜。海鮮類大多不標價或標「時價」，點菜時最好親自看看實物，問清價格，否則非常容易被店家欺瞞。

　　另外，不要盲目認為素菜、青菜一定比葷菜便宜。大多數青菜單排一頁，此時可翻回前面看一看，心中做個比較再決定。

4、照片

　　菜單中照片的大小與位置與希望顧客關注程度成正比。或者說最大、最顯著的照片，就是最希望您點的菜，也是利潤較大的菜。這時你可要看清楚了，雖然號稱招牌菜、主打菜，但也要看這是否是您想吃的菜。一般來說這種菜都不便宜，華而不實居多。

　　大多數照片都比實物漂亮，份量也較大，差不多就算了。然而有的菜，照片與實物簡直風馬牛不相及，服務員還會振振有詞地說：「以前是這樣，現在改了！」遇到這種情況，你若是覺得還能接受，那就索性忍了。要是難以接受，就找經理理論，或退或換或打折，別悶著吃「啞巴虧」，弄得心裡不舒坦。

5、標注

　　在菜名旁邊或最後，往往有小字標注原料、作法、口味、份量等。例如青菜，有白灼、清炒、蒜酥、蠔油炒等幾種。火候講究的還有脆口、綿口之分。也有的辣菜用星號或辣椒個數表示辣的程度，可以根據自己口味選擇。

麵點計量往往有「籠」、「例份◎」、「打」等單位，點菜時盡量先確認。如果份量大吃的人少，最好要半份，如不行則要兩種「拼一份◎」。

細讀各項標注，否則端上來的可能不是您最希望的，那就令人失望了。

6、比較

如果你是有心人，在不同餐館用餐時，記住幾個常見菜餚，如「宮保雞丁」的價格數量是多少。到另一家餐館可以比較一下，誰家的更經濟實惠。一般說來，常見菜餚便宜，其他菜也不會太離譜。

在同一家餐館，記住幾個菜，也可以知道漲價了沒有。如果發現漲價，可悄悄向老闆質疑。老闆為攬住「回頭客」，大多數情況下會仍按原價。不過，對大店和所謂的「老字號」，這招就不太靈了。

搞清楚包廂費與最低消費——戳破巧言欺客的花招

不合理的包廂費／最低消費「有」陷阱／變相的包廂費—服務費／
專用菜單名堂多

如果比較一下中西餐廳的設置，最明顯的區別就是國外的西餐廳，無論多麼豪華高級，也沒有設「包廂(大陸稱為「包間」)」的，大多都是散座。再顯要的客人，哪怕是總統，也得「屈尊」坐在大堂裡。用較高的盆花綠植隔開，就算是極大的禮遇了。筆者在歐洲曾走訪觀察多處餐館，莫不如此。遇有名媛貴客，不僅不安排在牆角背人處，反而大多安排在中間顯要

◎例份：將原來一份的菜量分成半份或是多份銷售。

◎拼一份：做成拼盤，也就是多樣菜各取少量湊成一份的量。

位置。餐廳將此視為本店榮耀，貴客也以此視為尊重。如果確實需要私密空間，則在飯店開房間，把菜送到房間內，以此作為「包廂」。

現在北京的餐館把「包廂」、「車位」、「卡拉OK」當成吸引客人的三個法寶。而某些人似乎對餐館的包廂情有獨鍾，不論人數多少，進門先問：「有包廂嗎？」大有「以包廂論英雄」之意。餐館老闆何等聰明，千方百計也要擠出包廂來，所以眼下稍微像點樣的餐館大都設有包廂。沒有條件的，用屏風甚至布簾隔一隔，夥計也會稱其為「包廂」，大大方方地把客人往裡頭帶。

坐在這樣的「包廂」裡，不禁使人產生時光倒流的聯想：20世紀50年代以前，北京街頭有一種介於露天飯攤和在房屋內經營的小飯館之間的「帳篷鋪」。此類飯鋪的最大特色，就是那頂類似於小型「蒙古包」的布帳篷。一根木杆撐起一方布頂，底端插入石墩內。周圍用一人高的白布沿四根立柱圍成方形，一側留有門口供顧客出入。內設兩三張方桌，幾條長短板凳，桌面上擺一盞「電石燈」，講究些的在木杆上懸一盞「汽燈」，便儼然是一個小型的「流動餐廳」了。

這類「帳篷鋪」大多經營速食或早點、宵夜，賣正式菜餚的極少，主要是安全問題，怕遭受回祿之災。

當時北京鼓樓前及西四丁字街一帶，每到黃昏，一座座帳篷便支立起來，成為街頭一景。這些小鋪的生意還不錯，丁字街某賣餡餅的老闆甚至不得不在自己的帳篷內貼出「坐下可買」的告示，意思是說坐下吃才能買，站著買了端走的，恕不供應。之後由於衛生、市容等問題，隨著「社會主義改造」，「改土歸流」，集中進店經營，「帳篷鋪」遂壽終正寢。

🔒 不合理的包廂費

中餐館設包廂(舊稱「雅間」)由來已久。過去有些飯館還將「內設雅間」寫成油漆招牌懸掛在門口，以示本店的等級檔次。以前包廂不稱1

號、2號，嫌其與監獄的「號子」同音，不吉利。一般稱為「一官」、「二官」，升官發財。但老闆即使再嫌貧愛富，也絕沒有收取「包廂費」。

眼下的餐館收「包廂費」的，大多是一些檔次較高或自以為較高的餐館及飯店內的餐廳。收取的費用也不等，從幾十元到一二百元。也有的與消費金額、用餐時間長短或是否使用「卡拉OK」設備掛鉤，總之是既不願意輕易放走「生意」，也不願意客人折騰半天，自己賺不了多少錢，還把別的大生意耽誤了。所以，從店家角度來說收「包間費」也許是不得已，但是在顧客看來便有些不厚道。後來，有關部門禁止收取「包廂費」，店家便改變了方式。

🔒 最低消費「有」陷阱

老孫為孩子上學的事求人，為表示尊重，決定在東單附近某大飯店的餐廳宴請老師。共計五位，訂了一個走道旁邊用鏤空花窗隔成的小包廂，面積不超過6平方公尺，室內僅一桌數椅而已，裝修裝飾均談不上。預訂時，服務員言明「最低消費兩千」，平均每人400元。老孫並非「大款」，本想說「消協規定禁止設最低消費」，可沒敢張嘴，為了孩子也只得答應了。

原以為兩千塊能擺一大桌子，還尋思點什麼合適。待主客落座之後，老孫一看菜單，心想要達到兩千也不困難，一壺茶水便120元。喝一喝，也未見什麼特別。點了五份濃汁雞煲翅，228元一份，這就是1140元，沒料到老師不吃雞，二百多塊就這麼浪費了。其他也沒點什麼，一結賬，將近兩千三。老孫心裡明白，吃到嘴裡的那點值兩百三塊錢就不錯了。

趙先生過生日，姐弟等家族人員想趁機聚會一次，便在某風味飯莊預訂了包廂。店家在電話中說最低消費800元。一行八人落座，發現點出合適的菜有一定難度。一般的菜以三四十元居多，點夠800元得二十多道菜，吃不完。高檔燕翅鮑是按位計價的，例如清湯燕菜318元，三絲魚翅218元，極品鮑288元。如果每人點一份，最少也得1700元！太高。再說真要吃這些就上粵菜館了，到你這兒來幹麼！趙先生這才明白上當了。好在都是自己家裡

人，斟酌搭配一番後，擬定出最佳方案；兒子當年「奧數」(奧林匹克數學競賽)拿過名次，按照菜價飛速心算，然後暗示老爸「夠了」。

剛開始，服務員見未點高檔菜有些不快，待看到趙先生自擬的菜單中居然煎炒烹炸齊全，雞鴨魚肉互補，風味特色突出，也不禁暗自稱奇。粗算一下將近900元，臉上便「由陰轉晴」，到「吧台」(收銀台)下單去了。

趙先生喜好美食，平日喜歡研究菜單什麼的，此番沒被坑了，也算「養兵千日、用在一時」。兒子關鍵時刻把好鋼用在刀刃上，防止金額不足800元受服務員奚落的尷尬情節上演。

看來在包廂吃飯，不但要精通菜單，心算還得要強。當個消費者才真是夠累的！

🔒 變相的包廂費——服務費

話說回來，收取包廂費、設最低消費，都要冒被投訴的風險，而大飯店收「服務費」卻不被禁止。於是有些餐廳便「搭便車」收起服務費。「包廂費」還有個消費超過多少錢就免收(實際上相當於最低消費)，而「服務費」卻是消費越多收得越多。

某川菜連鎖店規定，散座客人免收服務費，包廂一律加收15%。這家餐廳的西城區某店日流水(營業額)十萬元，包間占60%，算下來服務費可達九千元。某次經理的朋友在包廂用餐，花了兩千多元。經理雖未露面，但電話指示免了服務費，也算給了這位朋友面子。

其後數日經理與這位朋友在某處相遇，說起那個包廂，經理說，前日曾有某電訊公司為貸款事宴請銀行，一餐花了三萬多。服務費多少，您幫我算算吧！這包廂費可是另一個賺錢「金雞母」呢！

🔓 專用菜單名堂多

包廂是餐館的「搖錢樹」，搖動的方法可稱「八仙過海，各顯其能」，專用菜單便是比較「陰險」的一招。

如果您遇到一家地點不錯、生意挺火的餐館，進包間既不收「包廂費」、「服務費」，又不設「最低消費」，您可先別忙著點菜，這裡頭肯定有玄機！

有人會說，別挑剔了，什麼都不收，還有什麼不放心的？這時你一定得細看那菜單，和散座零點的菜單有什麼區別沒有，弄不好「不是一屜的」（意指不一樣）。「陰陽菜譜」和「報花賬」都是餐館的陰險招數，稍一不小心就上當。

「報花賬」容易被發現，服務員往往稱電腦出毛病了，道個歉，您也不便發作。然而「陰陽菜譜」卻不同，讓你一下子發現不了這類菜單有幾種。一種是各菜價格都比散座高20%，沒人問也就罷了，一旦顧客問個究竟，便可回答「包廂的菜量大」，或是「原料是精選的」。甚至「由主廚親自炒製」也能成為理由，讓你無從挑剔。

還有一種更隱蔽：菜單上的菜不多，全是散座菜單裡沒有的，讓你無從比較。或者全是「套菜」，號稱「名菜組合」。最陰險的是不供應外面的菜，內外有別。外地有些「老字號」，別說進包廂，就連樓上樓下的價碼，也不一樣。

不能再多說了，再說就不敢進包廂了。其實還真有不少實實在在做生意，不靠花招騙人的，咱們在這兒向他們致謝。

至於「包廂」的問題，只要看清楚、問明白、算仔細、多溝通，那麼就不至於被人掄著菜刀橫砍。

菜價如何論高低——菜單定價大揭秘

成本與售價「差很大」／菜為什麼這麼貴？／餐館是提款機嗎？／
菜品到底是如何定價的／開餐館得講「傻子」精神

餐館的菜到底應該賣多少錢？開餐館到底是賺錢還是賠錢？不僅困擾著顧客，也困擾著老闆。在餐館點菜到底應該注重什麼？「好吃」、「好看」、還是「便宜」？一直是顧客最重要的選擇。本篇可以管中窺豹。

成本與售價「差很大」

索小莉，滿族，鑲黃旗人，是個會過日子的賢妻，俗話說的「上得廳堂、下得廚房」。小莉祖上做過內務府堂官，原是京城大戶。如今雖說滄海桑田，畢竟也是名門之後。她在娘家時曾練得一手烹調功夫，婚後平日裡都是在家做飯，很少「上館子」。倒不是愛受那個累，也不是花不起錢，更不是要藉此拴住先生的胃，而是嫌不值。

偶爾和先生去餐館，便把菜單翻過來調過去地看，怎麼看怎麼覺得貴。可是也不能一人就來一碗麵條吧？於是，就點兩道經濟實惠、平常家裡做起來又挺費工的菜，「紅燒帶魚」、「荷葉粉蒸肉」什麼的。一邊吃還一邊盤算，超市裡買魚和肉多少錢一斤，一道菜成本多少錢，餐館賣多少錢。不算不知道，一算嚇一跳。差距甚大！再嚐嚐味道，還不如自己的手藝。這樣看來，小莉覺得餐館還真是「黑」呀！

小莉是個有心人，日子一長，慢慢看出門道。於是，說服了丈夫和家人，湊了幾十萬塊錢，在燈市口祖宅附近開了個飯館，號稱「宅門菜」。以她的烹調經驗和管理手段，把這個飯館整治得井井有條，沒幾個月就「火」了起來，在附近一帶也算小小有名。

餐館屬於「勤行◎」，掙的是辛苦錢。小莉常起五更睡半夜的，雖說也發幾句牢騷，可每到數錢的時候，內心也禁不住地高興，平衡不少。後來看這行靠得住，索性正式辭了職，當起全職老闆。

以前上館子總覺得貴，如今自己一做才知道，敢情這麼累，就是在拿命換錢呀！趁著還沒累趴下，趕緊把以後養老的錢賺飽了！老闆要是這麼想，您說這差距能不大嗎？

自從開了飯館，小莉就不願意照鏡子，越看越不像自己，心裡有點慌了。要說少管點事，把事情交給別人辦，又不放心。真是「人在江湖，身不由己」，「上賊船容易，下賊船難」。幾年下來，她常拿這兩句話勸那些想開餐館的人。怎麼難呢？賠了錢不甘心，想翻本；賺了錢更不甘心，捨不得撒手。

終於有一天，小莉把飯館頂讓出去了，趁著生意「火紅」，賣了高價。然後拿著一大堆錢，戀戀不捨地揮淚而去。她打算換一輛越野車，先周遊全國，好好散散心。下一步要做什麼也早就規劃好了。

菜為什麼這麼貴？

餐館的菜確實不便宜，特別是拿原料價格一比，差距真的是「殺很大」！比方說「宮保雞丁」，4兩雞肉、1兩花生米，再加上調味料，怎麼算頂多就是三塊多錢。可售價呢，一般都賣12～16元，小飯館裡最少的也得8元。低於這個價錢的也有，只是找不到幾塊肉，淨是蔥段和辣椒了，更黑！

一般來說，一個例盤肉◎、禽類炒菜(不包括整隻雞鴨、肘子)大約用肉

◎勤行：指需要勤快四處走動又勞力的行業。

◎例盤肉：小份的肉類菜品。

200～250克，其他配料、調味料1～2元。加起來，可食部分的成本不超過5元。可是定價就不好說了，根據餐館等級、菜餚知名度、銷售情況的不同，會達到成本的一倍甚至數倍。青菜的成本比肉類低，售價卻基本差不多。所以如果不考慮營養均衡，僅從性價比來說，素菜更低一些。

一般來說，中等餐館普通炒菜，原料成本占售價的25%～30%。烤鴨類菜，一隻5斤左右的「正場鴨胚」大約20元。小料、鴨餅2元。但售價可達68～198元(端看您在哪兒吃)。38元一隻的不在其列，鴨胚小、肉質差。

高檔菜餚，利潤率沒那麼高，但是利潤額更大。「燕翅鮑」一類菜，售價動輒數百上千元，在「保真」的情況下也有一半以上的利潤。一桌酒席下來所賺的錢就夠小餐館做十天半月的。

餐館是提款機嗎？

有人說：「既然如此，餐館豈不就是提款機？我何不去開一家！」要知道：北京目前有大小餐館4萬餘家，每天還有四百多家新開業、四百多家歇業。算起來，餐館平均壽命只有3～4個月。

為何如此短命，不是有70%的毛利率嗎？且待慢慢算來。剛才說的成本是菜餚之類的「直接成本」，並沒包括轉讓費、裝修費、房租、水電氣、運輸、倉儲、設備折舊、員工食宿、工資、勞工保險等費用(間接成本)，也沒計算營業稅、所得稅、各項費用及種種不可預見的開支，比如罰款、請客招待等。萬一出個工傷，就更沒譜了。當然，實際開支比這些多多了，都列出來怕讀者煩。

◎性價比：台灣所說的價格功能比或所謂的的價值感。

◎保真：大陸推行的一種確認真品的制度，類似生產履歷，可用一組獨一無二的數字上網確認貨源。

不過，開餐館的道理千頭萬緒，歸根究底就是一句話：「羊毛出在羊身上」！反正不管什麼成本、什麼費用，一切都由顧客「買單」，而最終落實在菜品定價上。

為了讓顧客多做點「貢獻」，最簡單、最直接的辦法就是提高價格。然而往往價格提上去了，「流水」(營業額)並沒見漲，反而可能落了。原因很簡單：既然顧客是上帝，那上帝就去別家了。結果是「人財兩空」，不但沒做成「財氣」，連「人氣」也沒了。

有這麼一位，眼看著旁邊的一家餐館大排長龍，自己這家卻門可羅雀，想打架都找不著人，只好乾著急。於是回過頭來找張紙，上寫幾個大字：全面六折！還真靈，一會兒就來了四五桌，一晚上挺紅火。打烊後，老闆高興極了。第二天接著打。連打十天，一算賬，沒賺錢。畢竟是小本生意，又沒有遠見，扛不住了。先改七折，後改八折，顧客則一天一天減少。還沒等改九折呢，又門庭冷落了。這時候，老闆想起開餐館之前朋友勸的一句話：「您先別算能賺多少錢，先算算能賠多少錢。要是扛不了半年，趁早別做了。」想不到，這回真應驗了這句話。

再說旁邊那家。一看生意有點見「涼」，立馬出招。先是「返券◎」，吃100返30；後是特價，紅燒魚一元一條，每桌限一條；緊跟著送菜，消費超200元送烤鴨一隻。商業炒作的手法！

沒兩個月，這邊也扛不住了。辭了夥計，貼出「內部裝修，暫停營業」，關門了。看，這就是「提款機」，把自己的存款提給別人了。真是「有人水裡，有人火裡」。別看風光無限，賺還是賠，如同鞋子合適不合適，只有腳知道。就像「炒股票」，正常行情下，賺錢的一成，賠錢的二三成，剩下的基本持平，略有盈餘，賺的也是血汗錢和運氣錢。

◎返券：大至與台灣的現金回饋券功能相同，通常是下次消費時可以使用。

　　盡管如此，由於餐館「入行」的門檻低、成功者的高利潤，仍引得一潮又一潮的人前赴後繼撲來。

🔒 菜品到底是如何定價的？

　　嚴格地說，成本與價格只是大致對應關係。目前，除了部分飯店餐廳和大型酒樓，大多數餐館管理水準還只是眼估口算大概齊、拍腦門式的決策，「肉爛在鍋裡」，遠達不到單菜單品種精確核算的程度。

　　那麼，說了半天，菜品價格到底是怎麼定出來的呢？說出來能把讀者逗笑了。主要是「傻子過年——瞧街坊」，看看等級檔次相近的餐館，人家賣多少錢，自己上下調整一下就差不多了。這也就是餐館對自己「菜單」看得很緊的原因之一。

　　不但飯館如此，超市、電器商場也都是如此定價。有的還有「價格調查員」，專門去抄別人的價格，以便自己定價不會過高或過低。若不相信，您拿個小本子在超市抄寫價格，不出十分鐘，就會被當成「密探」而被「請」走。

　　餐館的定價總的來說，高檔菜、魚蝦、麵點、自製飲料是賺錢重點。冷盤、酒類次之。肉類小炒性價比相對較高，可作為多選品種。另外每一類菜裡，都會有意將幾款常見菜價格定低，以使顧客產生錯覺，認為這裡的菜不貴。

　　實際上，點菜時要考慮的是「好吃」、「好看」，還是「便宜」。「好吃」則別太計較價格；「好看」則是「花錢買面子」；「便宜」則點到為止，別追求「超高境界」。當然，最理想的還是「經濟實惠」。

　　好，菜價的小九九您知道了不少，反正要「被宰」，至於到底吃什麼，就看您自己了。

54

🔒 開餐館得講「傻子」精神

　　江湖如此險惡，風險如此莫測，工作如此辛苦。所以，沒有幾個人肯於或能夠把開餐館當成畢生的事業，大多是作為謀生手段。

　　也不乏短期行為，撈一把就撤。更有中途累跑了、氣走了、賠垮了的。還有眾多明星在別處賺了錢轉投餐館，「開幕」時意氣風發躊躇滿志，本想風光一把名利雙收，卻不料慘淡經營騎虎難下，直至草草收場血本無歸，甚至債務纏身官司不斷。孰不知歌星也罷，影星也罷，「隔行如隔山」，「明星效應」只是在娛樂圈內。開餐館得講「一不怕苦、二不怕賠」的「傻子」精神和敬業親民的工作作風；還得有得力的內行人頂著，要不然老賠錢，皇上開的餐館也長不了。可現在大多數投資人想不了那麼多，只考慮如何盡快「回本」，急功近利。於是就出現一輪又一輪轟轟烈烈的「開業」、悄無聲息的「關張」。

包桌菜，叫我如何愛你──生財有道的「包桌菜」

　　婚宴大事今昔比一比／高不成低不就的婚宴菜單／機關重重的「包桌菜」／行家同行洽談不吃虧

對於一般餐館來說，「包桌菜」（又稱「套菜」）省時省事，向來受到重視。不過「包桌菜」也分幾等，「壽宴」雖然標準不低，可開不了幾桌，只能算小打小鬧；「旅遊團隊餐」人數雖多標準卻不高，每人平均消費二三十元左右，只賺個人氣；唯有「婚宴」，既喜慶又賺錢還「整齊」，是餐館求之不得的「大CASE」。

🔒 婚宴大事今昔比一比

　　結婚是件大事，婚宴更是結婚系列活動中的重頭戲。北京俗語中，把婚

禮活動稱為「辦事兒」。20世紀六七十年代，結婚儀式比較簡單，往往僅是個「茶話會」而已。結婚當天，雙方家長及單位領導同事來到新房，共同慶祝嘉勉一番。招待的食品則以香菸糖果瓜子茶水為主，所以提前托人買一條好菸、幾斤好糖至關重要。婚假過後上班，把剩下的喜菸喜糖一發，好事便算功德圓滿。至於有沒有請喜酒，沒有人過問，也沒有人笑話。當時「湊份子◎」大多為一元甚至幾角錢，還夠不上喝頓酒的。

當然，並非沒有「婚宴」，那也大多是男女雙方的家庭成員和主要親友參加。人數不過兩三桌而已。還有的選擇在家裡請客。但限於當時物質的缺乏，食品大多憑票證供應，所以備料，特別是「奔◎」幾瓶好酒、兩條好菸是一件相當痛苦的事。為減少不必要的麻煩，小夫妻「三十六計走為上策」，又省錢又省事，還可遊玩一番，因此「旅行結婚」一說流行了好些年。

經濟條件好一點的便選擇在餐館內請客。當時的物價水準較低，即使是在北京「四川飯店」這樣的大餐館，每桌40元標準已經能吃得相當不錯。隨桌還可配售「五糧液」一瓶(3.70元/瓶)、「大中華◎」兩盒(0.60元/盒)。這種「待遇」絕對是普通人平日花錢買不到的。所以婚宴過後，留下深刻印象的竟往往是「菸酒」。

如今，婚宴的標準和規模早已發生劇變，請幾十桌的也很常見。結婚不請客簡直沒法混。先不說別人，就通不過女方家人那一關。好在眼下「份子◎」的標準也水漲船高，赴宴吃請至少也得備100元的紅包。按目前婚宴的

◎湊份子：指幾個人各拿出若干錢合起來送禮或一起付某些費用。

◎奔：指四處籌措的意思。

◎大中華：為大陸知名的香菸品牌。

◎份子：就是禮金的意思。

價格，一般來說打個「平手」應該沒什麼問題，如果節省一點，剩下的錢買菸糖酒水正合適。

🔒 高不成低不就的婚宴菜單

喬桑大學畢業後遠赴日本深造，幾年來摸爬滾打，備受艱辛。最苦時一天打三份工，為節省時間，中間不回家，鑽鴨絨睡袋假充「驢友」(自助旅遊者)在公園睡覺。自稱除了沒背過死人(個子小，背不動)，其他什麼苦力活兒都做過。後來因為媽媽身體欠安，喬桑學成後回到北京並「奉旨完婚」。太太原是大學同學，經數年苦戀如今修成正果，心中自是欣慰。兩人將結婚之事細細籌劃，算到婚宴人數，不禁嚇了一跳。原以為有三五桌即可，不料居然需要八桌。因為在中餐館打過工，喬桑對菜單略知一二，為使太太開心，便訂下一個「燕鮑翅席」，每桌2000元的預算。

先找到一家有名的粵餐館，說明來意。店家十分熱情，讓座看茶。寒暄過後，拿來菜單。一頁頁翻過去，2880、3880、4880，待翻到「燕鮑翅席」處，倒吸一口涼氣，已是8880元，大大超出自己的預算。喬桑雖說已屬小康，每到花錢之時仍會三思，常不自覺地與鑽鴨絨睡袋聯繫起來。此刻粗略一算已是7萬多，還不包括八瓶880的「茅臺」或是1680的洋酒。與太太交換一下眼神，太太心領神會，慢條斯理地說道：「人數還定不下來。」然後喝了幾口茶，從容撤兵。臨行前讓服務員抄了個單子：

冷盤為立體彩雕一座，配八個圍碟(未注明碟內為何物)。熱菜為清湯官燕、紅燒大鮑翅、扒釀海參、蒜香富貴蝦、菜膽扒鮑魚、鮑汁遼參扣鵝掌、脆皮乳鴿拼炸春卷、特色佛跳牆、清蒸海上鮮、清炒時蔬、特色精品湯。另有小吃四道、果盤一個。

從大門出來，喬桑已無來時的銳氣，依稀記得「燕鮑翅席」的菜單，但「××翅」、「××鮑」都已漸行漸遠。心中暗想，就這麼幾道菜，居然8880，簡直搶錢！

　　又換了一家，沒敢提「燕鮑翅」幾個字。店小二便有點兒不識泰山，極力推薦500元一桌的：冷盤八碟，醬牛肉、白斬雞、薑汁皮蛋、四川泡菜之類。熱菜八道：西芹百合炒螺片、秘製蒜香骨、紅燜肘子、水煮牛肉、宮保雞丁、瓦罐甲魚、清蒸鯇魚、清炒時蔬。外帶小吃四道、果盤一個。

　　喬桑仗著數學不錯，迅速心算了一下：菜量按「例盤、零點◎」乘以2，冷盤平均每道16元，共128元，熱盤平均每道30元，共240元，合計368元，加上其他，總計不超過420元。與標價500元相比已差80元，如果是2000元一桌，店家至少「黑」了400元。於是便沒了心思繼續聽服務生「實惠」一類的介紹辭，告辭而去。

　　再到一家。此店菜單印製得異常精美，婚宴菜單是燙金字，宛如「喜帖」。菜名全是「百年好合」、「金玉良緣」、「喜鵲登枝」、「柔情蜜意」、「白頭偕老」、「遍地黃金」之類的吉祥話。再一問具體是什麼菜，敢情就是「百合炒年糕」、「火腿燒冬菇」、「脆皮乳鴿」、「蜜汁山藥泥」、「掛霜丸子」、「脆皮炸鮮奶」什麼的，沒幾個叫得響的菜，純屬華而不實。吃這桌席，得在家裡先吃個半飽兒墊墊腸胃再來。

　　經過幾番「高不成、低不就」的磨煉，喬桑沒了主意。或是去大店伸直脖子挨宰——不大甘心！或是去小店當「大款」——多沒面子！兩人正在家中發呆，喬太太猛然想起有個娘家表哥過去是做「勤行」（飯館被稱為「勤行」）的，當即打了個電話。表哥聞聽此事，撂下電話，飛馬趕到。先道喜，後問經過原由，聽完之後一笑，隨即詳解「包桌菜」內幕。

🔒 機關重重的「包桌菜」

　　表哥打開「話匣子」：除了旅遊餐廳，一般餐館日常「流水」還是依靠

◎零點：餐館裡單點的意思。

散客零點維持，「大包桌」可遇不可求。然而近年來，一到節日期間，「包桌」卻成為餐館的「搖錢樹」。尤其是婚宴，桌數多，標準高，為求婚禮喜興，也很少挑剔，所以是第一等「大CASE」，歷來備受重視。

為了多賺錢，「包桌」不用單點的菜單，也不賣單點菜。按店家的說法是，單點菜都是例盤，菜量小；「包桌」是大盤，菜量為例盤的兩三倍。其實菜量根本沒有那麼多，也不需要那麼多。一桌席八到十道熱菜，絕大多數都吃不光。考慮到有的顧客會要求打折，店家也先編好理由等著你。例如「我們已經在原來價格上打過八八折了」，或是「我們還免費提供茶水，新娘換衣服的房間也不另收費了」。碰到堅持打折，實在扛不過去，就會說：「這樣吧，每桌再送您一道××菜，或是一瓶白酒。」

「包桌菜」價格上偏貴的原因之一，是因為有些顧客會要求自帶酒水，所以店家先把這部分利潤加到菜價裡，然後還會說：「白酒您就自己帶，啤酒和飲料用我們的。」您覺得省了白酒錢，其實啤酒和飲料消耗得更多，利潤更大。

也有走另一套路子的。您一看包桌的菜單，上面寫得十分花俏，全是單點菜單上沒有的。比如「金科玉律」、「國泰民安」、「鴻運當頭」之類的好詞，您喜歡聽什麼有什麼。其實也不過虛張聲勢，目的一是圖個「好彩頭」，再一個也是讓您沒法比較價錢。

餐廳負責接待「大單」的多是主管以上，甚至是外場經理親自出馬。這些人眼壽嘴甜，伶牙俐齒，先用幾句恭維話哄住顧客，然後投其所好、對症下藥，直到您覺得占了便宜，乖乖交出訂金。

另外，有的廚房在遇到包桌時，凡是該用鮮活原料，例如活魚、活蝦的，一律改用「冰鮮」(死的)代替，辦喜宴一般不會像散客單點時一樣，要把魚蝦呈遞過來當面驗明正身。這就又省了一半錢。若有質疑者，經理會笑答：「都是活的。要提前加工，要不然時間來不及，客人等著著急，菜也容易吃禿嚕了(吃光了)」。看，人家滿盤子滿碗都是理，還處處替您考慮呢！

至於高檔次酒樓，「燕翅鮑席」宰的就是公款◎和大款，平民百姓往裡摻和不是自尋煩惱？一番話，說得喬桑夫婦二人連連點頭稱是。娘家表兄話鋒一轉，又說道：「不過，也不是都那麼黑，菜單也不是不能變，關鍵是要把握住對方急於訂大單的心態，自己先別著急。」

這話有理，結婚前新人各種事情千頭萬緒，往往沒時間多跑幾處細細講價。又因為買房、買車、買傢俱、買首飾、買衣物花錢如流水一般，誰還在意這幾個「小錢」？再說到時候還可以收禮金，所以不免出手大方，這其中就難免花了冤枉錢。更別說為了掙面子攀比的了。

所以，訂婚宴最好與家人或有經驗者同去，事先瞭解一下情況，然後按照自己的預算選一家名氣、地點、價位合適的。訂菜單的原則要把握好，是「中看」還是「中吃」，否則很容易被店家「忽悠」。例如：「像您這樣有身份的，還不如稍微加點錢改成這一套菜呢，又好吃又有檔次。」以至於您原本想訂1000元以內的，稀里糊塗就從1280、1680改成2280元了。全因這一句恭維話，擊中了您的虛榮心。

訂「婚宴」，可謂機關重重，要當心呀！

🔒 行家同行洽談不吃虧

表兄到底是娘家人，問明白什麼時間辦、請多少人、身份職業、私家車多不多、打算花多少錢等，隨即提出了一個初步方案。

喬桑一聽，彷彿「遇到了貴人」，連忙請託表兄全權代辦。表兄開車，一行三人轉了幾個熟悉的店，時近中午來到某家門前寬闊的川菜館。

落座後說明來意，直接找經理面談。翻翻菜單，最貴的每桌2000元，心中便有了底。以1500元的那桌為基礎，要求改幾個菜：「雞汁魚翅」

◎公款：指由公司或單位負責的款項。

（煲）改成「個吃魚翅撈飯」（每位一盅），「宮保蝦仁」改「油炸大蝦」，添一個「金牌鮑脯」。經理一邊聽一邊搖頭，連說「超了，超了。」（確實超過預算）。

表兄胸有成竹，與經理逐一對菜算起賬來：成本、毛利、實吃。經理一臉緊張，彷彿被工商稅務人員當場查獲漏報稅一般，自知今日遇見對手，也不知是哪路神仙。表兄見狀，語氣放緩：「這樣吧，酒水都用你的（知道沒有多少人喝酒），每桌再給你加100元。」經理用計算機算來按去，終於勉強露出笑臉：「咱們算交個朋友，老闆不在，我豁出挨罵去了。」表兄則得寸進尺：「不怕您笑話，我們幾位還扛著呢！」（意指沒吃午飯）。經理心領神會，知道是想考察一下廚師的技術（試菜），便安排了幾道菜單上的菜，說是品嚐鑑定一下，讓服務員通知後廚。

也不知服務員到後邊是怎麼說的，沒一會兒主廚親自來了，聽口音是四川人。表兄開始侃◎成都餐館，從「春熙路」、「銀杏」、「紅杏」到「陳麻婆」、「努力餐」，再到玉林的「串串香」，旁及「順興老茶館」、人民公園「鶴鳴茶社」，一直侃到川菜的祖師爺「詹王菩薩」。最後喝一口茶，用成都話說了一句：「安逸了。」整個一個「活成都」。主廚恰巧是成都人，他鄉遇故知，認做自己朋友，非要求經理打折。經理樂得順水推舟，便將表兄提出增加的100元給免了。

吃過一頓「考察餐」，交了訂金，兄妹三人打道回府。車內，喬桑邊看菜單邊樂。與此同時，經理樂得更歡。表兄則明白表示，先別高興得太早，到時還不知怎麼樣呢！

◎侃：借用北京人聊天閒扯為「侃大山」的「侃」字，在這可以解釋為聊起來的意思。

小餐館大智慧——生財有術

一個檔案，你，我從未耳聞！

好廚師、名食家不敢說

不敢說出服務人員的真相

打開這家來機密檔案

真相一一披露

從不願讓人知道的

牽客之道，

也不可能比業者

小餐館大智慧——生財有術

一壺茶的身價——透過茶種分辨顧客

公園內的茶餐廳／消費能力的指標

以前，北京人喝茶要上茶館，在餐館吃飯時不大講究喝茶，一般是落座後等候時略喝幾口，冷盤一上桌茶就撤了，沒有邊吃菜邊喝茶的習慣。小飯館的「散座」客人則基本不喝茶。自從20世紀80年代粵菜「北上」後，喝茶成了吃飯的序曲。現在不分大小餐館，顧客剛一落座，便有服務員忙不迭地「問茶」。川菜館「茶博士」龍騰虎躍般的「花式續水」和粵菜館「茶妹」溫柔繁瑣的「工夫茶道」都成了各自的一景。

公園內的茶餐廳

過去，北京中山公園「來今雨軒」餐館(老店)前面，有一個鐵皮頂棚的大茶座，相當有名。當時與北海公園白塔旁邊的「攬翠軒」茶座、北岸「五龍亭」茶座號稱北京「三大茶座」。每個茶座都有自己相對固定的茶客。過去，北京有「東富西貴」之說。文革之前，「大戶人家」的閒人愛去介於東西城之間的北海五龍亭茶館。而中山公園內「中山堂」是北京市政協所在地，所以「來今雨軒」茶座的客人以民主人士、社會名流、演員居多，常常將大罩棚內二十餘張茶桌佔據大半。上午來先喝茶，近中午吃個便飯。吃飯往往在「來今雨軒」餐廳內餐桌上吃，很少把飯開在茶桌上，除非是「墊補」幾個「冬菜包」(來今雨軒名點)。在茶桌上開飯，一是不合「規矩」，二是一兩個菜的便飯，沒必要招搖。此時便將茶壺臨時寄存在服務台，待餐後取回再飲。而如果有客人同桌，或點的菜超過「便餐」等級，則在大棚內開餐。似乎看到服務員把「乾燒魚」(當時大廚高連元師傅的拿手菜)等菜從廚房一路小跑端來，沿途茶客經意或不經意的目

視，便有了某種虛榮心的滿足。

　　20世紀60年代時，社會崇尚簡樸，「有錢人」和「名人」不敢像現在這樣張揚，但又總想尋找機會適當表現自己與大眾不同的優越感。文化上的體現是打橋牌和聽音樂會，「閒散」上的體現則為「泡茶館」。那時物價不高，一袋普通茉莉花茶僅五分錢，好茶也不過一毛而已。水資不分茶客人數均收一毛。茶葉是散裝在包裝袋裡，紙袋分別用綠色(五分)和紅色(一角)印製，以示區別。按當時規矩，沏完茶要把包裝袋套在茶壺嘴上，以便客人「驗明正身」。於是，茶袋的顏色就成了茶客身份和實力的象徵。當時雖然沒有「謝絕自帶茶葉」的明文規定，但是老茶客很少自帶茶葉，有失身份，除非是不喝花茶者自帶綠茶。但也往往茶錢照付，辦法是按五分錢交費，店家在茶壺嘴上套一個紅色茶袋。否則「光嘴茶壺」是一件很沒面子的事。自帶花茶則太不合算：次茶葉不值得帶，因為還要另付一份本店的袋茶葉錢；若是好茶葉，除服務員外，旁人並不知道，實屬「錦衣夜行」。

　　就這樣，他們在默默地喝茶、吃飯中，表現著或明或暗的較量。但也僅此而已。待文革興起，老茶客一夜間星流雲散，取而代之的是一群「小將」。他們顯示「身份」的方法比較簡單，除臂膀配戴比普通規格(四寸八分寬，面寬二尺四寸的紅布裁成五條)要長出一寸二分的紅色袖章(六寸寬，一幅紅布裁四條)之外，喝一毛錢一包的茶葉則更為直接。後來還有人「發明創造」，待服務員沏好茶後，並不端走，而是讓它倒了，重沏一壺，說是「涮涮壺」，按照兩袋茶葉付費。然後，在眾人的詫異或鄙夷的目光中得意而去。

　　一毛錢就「燒◎」成這樣！結果沒燒幾天就都去「廣闊天地」了(上山下鄉去了)，可能連喝白開水都成了奢望。

◎燒：形容招搖、猖狂的樣子。

🔔 消費能力的指標

如今餐館裡的一壺茶，價格約為一盤菜錢。然而就是這一壺茶，卻被服務員當作鑑別顧客消費能力和挑剔程度的指標。業內把顧客按喝茶的品種類別和沖泡方式分成若干等，類別從低到高大致為：菊花茶、普通茉莉花茶、龍井毛尖等綠茶類、鐵觀音烏龍茶類、玫瑰乾花類。沖泡方式為整壺、蓋碗、工夫茶。

餐館在培訓服務員時，會教給他們如何透過點茶來猜測顧客的職業和身份。如點菊花茶的以年輕女性居多，還有中層管理人員，精於盤算。一壺菊花茶花費不多，卻不使桌面顯得空蕩蕩。菊花清淡，還可以借助冰糖調劑口味，如果覺得吃虧，大可以多放冰糖讓心理平衡一下。這些人點菜不會太多卻很挑剔。普通茉莉花茶則多為中年男子或家庭聚餐所選擇，大多是喜歡家庭風味的，點菜偏重實惠，對菜品質量不大講究。點綠茶類的多為江南知識分子，注重營養和品味，點菜偏於清爽，價位可稍高而不會太計較。點鐵觀音的以商人為主，通過點這種茶表示自己走南闖北，上館子稀鬆平常，熟悉廣東甚至香港的生活習慣。點菜時出手較大方，好面子，吃「捧」，好「宰」。喝乾花的往往是女白領小資一族，喜歡表現自我，顯得與眾不同。如果點了玫瑰花而服務員回答說沒有乾花茶，她往往還會連續問出五六種花名，然後不屑地說，連這個都沒有？她們點菜很簡單，大多是「白灼基圍蝦」、「清炒荷蘭豆」之類的菜。

沏泡茶方式，大多數餐館是用壺。粵菜館和一些高檔酒樓實行「問位開茶」，即每人一個蓋碗，按自己愛好選沏。價格合起來當然比整壺要貴許多，但如果是談生意的或有意擺闊的，也不會計較這些。而點「工夫茶」的，便有些不同了。他們明知餐館並非是喝此茶的場所卻偏要喝，除了有借此風雅瀟灑一番外，在餐館喝「工夫茶」比茶藝館價格便宜也是原因之一。

對於經常光顧的客人，服務員除已瞭解其人「尊姓」之外，更熟知其人「茶性」。往往客人剛進門，當面稱一聲「孫總」，背後彼此之間便說：「『碧螺春』又來了。」皆因其人每次必喝「碧螺春」茶，以至落下如此雅號。

顧客可能想不到，服務員透過一壺茶投石問路，已對自己的消費能力和口味愛好有了一個籠統的猜測。至於準不準，那就只是個大概了，對於根本不喝茶的，服務員倒省了不少事。這些顧客往往只是家常便餐，吃完注意打包就是了。

過去在餐館吃飯有許多講究，隨著時代變遷，這些講究大多已被人遺忘。其實，除了請客之外，在餐館吃飯只是你自己的事，與鄰桌或服務員都沒有什麼關係，不必考慮旁人看法，或去迎合什麼、表現什麼。大大方方點你的菜、痛痛快快吃你的飯。至於到底要點什麼茶，如果不是冬天你感到很冷，需要用茶水暖暖手的話，那你就乾脆要一杯白開水。

對於餐館提供的免費茶，據多家媒體報導，品質、衛生均堪憂，還是慎重為好。

冬天賣麵夏天賣水──生財有道的小招數

酒水是老闆的財神爺／「謝絕自帶酒水」的真相／麵點是老闆的招財貓／包子王傳奇

「冬天賣麵、夏天賣水」是一位聰明的店主對賺錢訣竅的總結。本篇所說的「麵」泛指點心、麵食及各類主食。「水」泛指酒類、飲料、果汁及優酪乳等各類飲品。

酒水是老闆的財神爺

一般來說，在喝酒的情況下，一頓正餐裡，熱菜的價格佔40％，冷盤佔25％，酒水佔25％，其他佔10％。當然，隨季節、消費能力、飲食習慣的不同會有些許差異。不過，酒水始終佔有重要地位，這就為店家帶來了巨大的商機。酒水與冷熱菜不同，沒有從原料必須經加工才可出售的環節，而是左

手進右手出，中間淨賺價差，既方便又穩定。所以任何餐館都極重視酒水的銷售。

酒水雖說是老闆的寵兒，但這個兒子卻並非「親生」，而是「寄養」的。以啤酒為例，銷售過程是這樣的：啤酒出廠後銷往地區代理批發商(簡稱「一批」◎)，然後順序銷往「二批◎」，甚至「三批◎」，直至餐館。在這一過程中層層加價，到消費者手裡價格至少翻了一倍。

小飯館銷量少，還夠不上「一批」的門檻，只能從「二批」甚至「三批」手中進貨，進價略高，售價又不能太離譜，所以利潤還不算太大。大飯館則因有字號和銷量的優勢，說話的氣勢自然不同，再加上啤酒行業白熱化的競爭，往往成為幾大品牌啤酒商爭相追逐拉攏的目標。他們除了提供更優惠的價格，還提供大到塑膠桌椅、陽傘，小到酒升、酒杯、牙籤盅、菸灰缸甚至原子筆等物品。

當然，無一例外地，以上物品都會印有啤酒品牌廣告。

除了供給餐廳的「公的」，還有給服務員的「私的」，包括絲襪、護手霜、化妝品、錄音機……五花八門，甚至以瓶蓋數量結算的現金「開瓶費」。對於這些「私的」，大店老闆往往不便「與民爭利」；小店就不一定了，常常要「充公」。老闆先挑自己有用的留下，其他當成「福利」下發。至於「開瓶費」，即使不全扣，至少也打個對折。

餐館老闆在被幾方的拉攏中嚐到了甜頭，會提出進一步的要求。例如要收取「進店費」、酒款暫時不結算等等。遇有啤酒商夏天搞「促銷」，甚至會借機要一輛「金杯◎」汽車。對於餐館老闆的要求，大供貨商基本點頭，即使有苦也是吞到肚裡去。他要的是「業績」，只要銷量上去了，哪怕少賺

◎一批、二批、三批：亦即台灣所說的大盤、中盤、小盤等盤商。

◎金杯：大陸瀋陽汽車大廠。

甚至不賺錢也幹。代理商與廠家都有合約規定「銷量」，到了年底超額完成，不但臉上有光，還有廠家「返點」(獎金)和第二年降低供貨價的優惠，代理商的位子也坐穩了。想辦法「堤內損失堤外補」吧，更何況有些物件原本是由廠家提供，自己不過借花獻佛罷了。

若是貪圖小利與餐館鬧翻，老闆一旦改銷其他啤酒，不僅銷量任務難以完成，消息傳出去也丟臉。若是廠家追問「喪師失地」之事，更不好交代。弄不好被提高供貨價(廠家按銷量確定供貨價格)，甚至撤銷代理權，那就更因小失大。

現在這套招數被汽車銷售商學去了，整天的降價、饋贈、「一條龍」，圖的也是「銷量」和廠家的「返點」。

說到這兒您就明白了，酒水對餐館老闆來說既無資金成本的壓力，也無經營的風險，完全是「借雞下蛋」、「平地摳餅」，比賣炒菜強多了。

🔒 「謝絕自帶酒水」的真相

以上是說進貨，再從銷售來看：一桶某品牌的生啤酒進價不到60元，可打出55～57紮，每紮約1元錢，而售價每紮4～6元。其間利潤您自己算吧。規模大一些的餐館，夏天一天賣個十幾桶，易如反掌。美食街上那些晝夜餐館忙時要安排人專職打紮啤，在老闆眼中，「嘩嘩」流淌的不是啤酒，簡直就是銀子。一天下來，紮啤一項淨賺個幾千元，是很容易、簡單的事。

其他酒以此類推。白酒加價50%～100%，利潤率雖不高，可是基數大，所以利潤額也相當可觀。一瓶「小二」(小二鍋頭)售價5元，進價不足一半。而一瓶高檔酒可賺上百元甚至更多。這還說的全是「真酒」，不包括假冒。把散裝「二鍋頭」自己裝入用過的瓶中，假充原裝「小二」的比比皆是，顧客喝到興頭上，誰還顧得了辨別真假。

不僅是酒類，各種飲料如可樂、椰子汁、杏仁露也莫不如此，一般是在進價基礎上翻一倍。顧客可以從超市的價目上瞭解到。鮮榨果汁就不一定

了，二倍、三倍也是它，反正是花錢買臉、願者上鉤的事。

　　如此豐厚的利潤，就難怪店家要「謝絕自帶酒水」了。準確地說，不僅「夏天賣水」，一年四季，酒水都是餐館的「財神爺」。傳統民俗中，水代表了「財」，在餐館真是得到了完美的詮釋。

🔒 麵點是老闆的招財貓

　　「冬天賣麵」又是怎麼一回事呢？如今，在餐館吃飯的比十年前講究了不少，注重過程。先涼後熱，先菜後湯，最後是麵點和甜食。過程的完整性使一席美食更為動人，也促使歷來不太重視主食點心的北京飯館，在麵點甜食上更下工夫。麵點的進步帶動了顧客的食慾，在有老人、女賓、小孩的餐桌上，豌豆黃、炸麻團、湯圓、鍋貼等小吃，成了必點菜。冬季天寒夜長，朋友聚會更多是在餐館。晚餐之後的宵夜，不想再承受更多的油膩，往往是麵點與小吃的天下。

　　剛開始，北京餐館老闆並沒有特別在意麵點，還抱著「老皇曆◎」，除了米飯之外，只有麵條、蒸餃寥寥數種。後來一些經營宵夜的老闆從粵菜館受到啟發，增添了麵點甜食，吸引不少顧客。其他餐館有樣學樣，因此推動了麵點的普及和發展。其直接效應便是提高了麵點師傅的地位和工資。過去中價位餐館的麵點師每月1500元就算高工資了，如今開價1800～2000元沒問題。老闆並不傻，多開出的幾百元沒幾天就賺回來了。

　　翻一翻各店菜單，豌豆黃3元(4小塊)、麻團2元1個、鍋貼6元半打(1元1個)、醪糟湯圓5元1碗、餛飩5元1碗。所有這些麵食，可食部分成本均不超過15%。南味、廣味點心，小小的奶皇包、蘿蔔酥、蛋塔、叉燒酥等，每個都要2～3元，利潤更是驚人。

◎老皇曆：即黃曆，加個老字用以影射守舊，不知變通，帶有貶抑的意思。

　　奇怪的是，很多顧客對菜的價格比較注意，而對麵點則無所謂。殊不知「無所謂」中，麵點佔了賬單的10%甚至更多。半打蛋塔，幾碗湯圓和粥，一結賬就是二三十元，不可不慎！

包子王傳奇

　　話說某大餐館，麵點的生意日好，老闆自然高興，招兵買馬，聘請高級麵點師，準備進一步大展鴻圖。某日，來了一位王師傅，河北三河縣人氏，學的是「天津包子」，三十餘歲。王師傅長相不強，說話時在京東口音裡還帶點結巴。交談之中，自言因某事負氣出走，炒了「櫃上◎」。老闆聽完有點兒不想見他，轉念一想，人無完人，金無足赤，便安排讓他第二天「考考工◎」，亮亮手藝。

　　王師傅不愧是正宗天津包子鋪出身，出手便與半路出家的「野廚子」不同。和麵、使鹼(現在都不會使鹼，改用發粉了)、打餡、下劑兒◎、包餡、提褶都顯得那麼俐落。一般天津包子18道褶，他提24道，而且又深又勻，最後用手一捋，把褶捋成傘狀。提褶時只見他右手手指上下輕輕抖動，有如小雞啄米，左手托住包子皮輕輕旋轉，片刻之間包出幾十個。老闆暗中看表計算了一下，一分鐘包9個，合六七秒鐘一個，不由得暗自稱奇。

　　出籠後，色香味形果然與眾不同。王師傅指著按大小不等分成三籠的包子問道：「一樣多的餡，一樣大的皮，您要哪種？」老闆不愧是久歷江湖，心中明白這是要講薪資了。雖然有些不快，畢竟愛才心切，當時便說道：「工資肯定對得起你。」

　　最後到底定了多少錢，背靠背的事，也說不準。不過，從王師傅工作的

◎櫃上：指掌櫃、老闆或做得了主的人。

◎考考工：測試一下應試者的手藝與功夫行不行。

◎下劑兒：麵點術語，指將麵糰用捏或切的方式分成適當的大小。

勁頭來看，絕不會是個小數目。這家餐館自此以包子出名，聲威大震。王師傅也被稱為「包子王」。

貴賓卡面面觀——華而不實的貴賓卡

有人說，現在是「卡」的世界，衣食住行，五花八門，幾乎無所不包。其中運用最廣的就是餐館的「打折卡」。開始是餐館自己發「貴賓卡」、「金卡」，紙質的、塑膠的、金屬的，令人眼花撩亂。後來網站興起，愈發推波助瀾。如今人手一把「優惠卡」，但要說到底得到了多少優惠，一下子還真想不起來。

🔒 令人掃興的雞肋

前文提到的索小莉自從開了飯館以後，一門心思全放到經營上。有人出主意發「貴賓卡」，小莉為了「取經」，便借了幾個卡，暗中到同行的餐館「調查研究」一番。

某日，小莉與店裡幾個廚師、主管來到北京亞運村附近一家粵菜館，連冷盤、熱菜、酒水一共花了二百多元，結賬時一併將「貴賓卡」遞過去。賬單一拿回來，打了7塊錢的折。小莉佯裝不解，故意問：「不是打9折嗎？」服務員不慌不忙地說道：「今天您點的酒水、海鮮、燒烤都不打折。」「哪兒有海鮮呀？不就是一條草魚嗎？」「對，那也算海鮮！」大概服務員把「海鮮」這個詞分解了，「海」是指「海味」「鮮」則指「鮮活」。草魚儘管是河魚，因為是活的，便也納入「魚鮮」一族，歸為「海鮮」類。

小莉的主管上陣了：「那剩下的也有小一百塊錢，怎麼才打下7塊錢

呀？」服務員料定會問，便指明××菜、××菜為特價菜不再打折，剩下70元為打折底價，正好打下7塊錢。服務員口氣雖然委婉，暗中卻有嘲諷之意。小莉心中頗為不快，結完賬速速離去。

其實他們剛入座便被店方外場經理疑為同行「探班」。原因很多，如四下張望、交頭接耳、仔細端詳菜單、點的菜不錯吃起來卻很拘謹。為此，早就吩咐服務員一定看好菜單(怕順手牽羊偷菜單)、結對了賬。

第二家不錯，雖說卡上也印著一串「××不打折」，可人家挺人性化，也搭著他們吸取教訓，沒喝什麼酒水，一百八十多元打了12元。小莉他們喜滋滋地出來了。

過幾天，找了張卡又去農展館附近一家。結賬時出示「金卡」，八五折。女領班特有禮貌地說：「對不起，小姐。最近我們搞優惠返券◎，卡暫時停用了。」「怎麼個『返券』呢？」「消費300元以下，每滿100元返10元；消費300元以上的部分，每滿100元返15元。」小莉他們一共吃了不到200元，按「規定」只能返10元。

過一會兒券拿來了，一看是「午餐專用」，限定次日起10日內有效，還有密密麻麻的「使用須知」。扯呢！明擺著是中午生意不行，拉客。

本想理論一番，又知道店家有「保留最終解釋權」的殺手鐧。小莉一時怒從心頭起，惡向膽邊生，把個祖先騎馬放箭的血性勾起，一句話沒說，從夥計手裡拿過打火機，當時就把「午餐券」點著了。又瞪眼看了看那張卡，本想一塊兒點了。夥計一瞧小莉真生氣了，連忙一把搶過來。女領班則見事不妙，三十六計走為上，匆匆抽身而去。

幾人怒氣沖沖離店。臨出門，迎賓員像什麼事情都沒發生過一樣，照樣機械地說道：「幾位慢走，歡迎下次再來！」

◎返券：現金回饋券。

最「精彩」的一次是小莉有個老同學結婚，在某家餐廳請客，小莉恰好從某老總那兒借來那家餐廳的卡，剛進門就把卡遞給同學。同學雖說喜出望外，總還有點將信將疑。果不其然，結賬時經理客氣地婉言拒絕了，理由是「包桌菜」不再打折，因為已經「優惠過了」。為了慎重，經理又讓收銀台查了查持卡人的「案底」，一看，不料是家大客戶，於是就帶著一瓶洋酒回來了。先重覆了幾遍賀喜，然後說：「這瓶酒是我給您的賀禮，祝您二位……」同學一看，見好就收吧，說聲謝謝就留下了。

小莉挺高興，知道那瓶酒價錢不低，本想還卡時謝謝人家老總，不料第二天同學就來電話了，原來那瓶酒是假的！弄得小莉特沒面子。心說這經理可真夠損人的，「送」你一瓶假酒，沒收錢，讓你舉報都不占理——人家沒「賣」假酒。

漫漫索卡路

那次「燒券」事件後，小莉自知「失態」，再加上已經與夥計們出去過幾次了，不想把他們慣出毛病，便改邀自己過去的同事。

小莉原來在北京城東北科技園某外國企業工作，公司附近有不少中價位餐館。一日，與原同事來到一家門面很大的南洋風味餐廳，原來曾吃過，印象還不錯。結賬時，小莉順口說了句：「我們常來，能不能給一張優惠卡？」服務員好像做不了主，找來一個穿黑衣服的。小莉一看便知是主管。主管淡淡地說：「我們這兒規定，如果您一個月內消費一萬元才能辦卡。」小莉心中暗罵：「Crazy(瘋了)！」便也淡淡地說：「那就謝謝你了。」說完便與同事轉身離去。同事畢竟修煉功夫不到，有些驚訝：「什麼？一個月一萬！咱們一天三頓、天天吃都湊不夠。」所以呀，門不當、戶不對。配不上人家。從此便不再光臨。

南洋餐館旁邊是一家小有名氣的湘菜館。小莉去過幾次，喜歡吃這家「醃筍」、「臘肉」一類的菜。用完餐，同事主動結賬，還是向服務員詢問，能否給張優惠卡？服務員支吾其辭，說是春節前顧客多，發完了，下次

送。同事只得作罷。過了一個月，接到這位同事電話，吃飯，還是老地方。小莉冰雪聰明，知道同事是因為上次索卡遭拒，心中不平，於是便火速趕到。這次吃完飯，同事又問服務員優惠卡，回答依舊，仍是發完了，下次送。小莉這時說道：「你說個準日子」。主管怕把事鬧大，趕上前來：「一個月，一個月。」

又過一個多月，電話響了。聽完同事邀請，小莉笑出聲來：「不死心吶？你！他們說話你還信！」話雖如此，還是得去。這次換了春裝，服務員眼拙，沒認出來或許是時間長，記不清了。不過「對白很熟悉」，一提優惠卡的事又要故伎重演。小莉掏出一個小筆記本，一邊看一邊悠悠說道：「慢點！三次了。×月×號說是下次給，×月×號你說過春節給，×月×號主管說過一個月。今天是幾月幾號啦？」服務員招架不住，滿臉通紅，慌忙撤了。主管走過來，笑著打圓場：「她不知道。其實早給您留著呢。」——您瞧，這話多動聽。說罷從收銀台隨手拿來一張卡，含笑奉上。

伸手不打笑臉人，總不能得理不饒人。小莉經過多年來經營自己餐館的磨礪，早已練就伸縮自如的笑臉。此刻一咧嘴，做出「輕提笑肌，露出八顆牙齒」的「空姐」式標準職業微笑，輕聲道謝，倒把那位主管嚇了一跳：「好傢伙，比我還專業！」主管遞上一張名片，雙方握手告別。其實小莉倒是與她惺惺相惜，不到兩個月，便將主管「挖」到自家餐館，這是後話。

再說出得門來，同事向小莉要筆記本：「你都記著吶？我看看。」小莉一笑：「傻死你得了，這叫兵不厭詐！」

🔒 不戰而屈人之兵

兵法有云：「上戰者，不戰而屈人之兵。」經歷多次調研考察，索小莉徹底放棄了「發卡」的想法。她看出來了，發卡無非是吸引「回頭客」，而顧客對「卡」的期望很高，如果對用卡限制過多則反遭怨恨，限制少又不利自己經營；折扣小缺乏吸引力，折扣大直接影響利潤，弄不好便會因小失大。而且「優惠卡」長期有效，等於「刀把子」始終在顧客手裡攥著，太

被動。於是小莉索性不發卡，而是在菜色品質、服務方式、餐廳環境等軟硬體上下功夫，做到物超所值，以此吸引客人。顧客不是傻子，知道哪頭更實惠，誰也不願意為省個三瓜兩棗◎而吃得不痛快。

再說不發卡並不是不打折，小莉她打起折來更厲害。不過，什麼時候打，打幾折，主動權完全在自己手裡。老客人就不用說了。有時候顧客喝得高興了，瞪著眼非要打折：八折、七折。小莉看準火候，當機立斷，往往比顧客要求的還低兩折，讓顧客一愣。這叫「一劍定江山」。再不講理的也得乖乖結賬，立馬◎走人。至於酒醒之後專門再來，一個人點一大桌子菜，明著是找找面子，暗含著賠禮道歉的也不在少數。

索小莉如此經營有道，你說她能不「數錢數累了」嗎？相比之下，勞民傷財的「優惠卡」，真不知高明了多少。

抽獎折價花樣繁多──拉住回頭客的手段

「油老闆兒」的火鍋店／聚攏人氣的幸運大轉盤／黑貓白貓經驗談

陝北出石油，開油井的被稱為「油老闆兒」。前些年，由於政策的傾斜，著實有不少人發了。暴富之後，有點眼光和事業心的，便到大城市發展，北京、大連、上海都有不少「油老闆兒」的足跡。

「油老闆兒」的火鍋店

話說鄉村中學教師田貝，為人沉穩機敏，看準機會棄教從油。或許是天

◎三瓜兩棗：比喻微不足道。

◎立馬：大陸常用語，為「立刻、即刻」之意。

意「扶貧支教」，打出了多口「高產井」，沒幾年便改用點鈔機數錢。後來看看差不多了，恐怕政策有變，老田便將油井轉讓他人，自己舉家遷京，開了個公司，搞搞房地產，小打小鬧，日子倒也說得過去。

老田樂不思蜀，莊稼人出身的太太卻打起算盤：人無遠慮必有近憂，金山銀山也架不住坐吃山空。按照莊稼人的想法，總得有個日常的「進項◎」才好。左思右想，做什麼買賣門檻低、風險小、投資少、收益快、說出去還十分體面呢？想來想去只有餐館。這也是很多餐館老闆們最初的想法。

跟老田一商量，正中老田下懷。他正嫌每天沒事做悶得慌。手裡剛好有塊地皮沒賣出去，1000平方公尺，開個飯館正合適。一陣緊鑼密鼓，火鍋店便開業了。

剛開張生意還真不錯。20世紀90年代中期，北京火鍋店還不太多。老田的店，地點雖說差了點，可裡面裝潢得漂亮。女服務員都是一米六八的個兒，一水兒天藍色西服套裙加帽子，整個兒一派「空姐」的打扮。就憑這個，那陣子著實「火」了一把。

美女如雲的環境中，難免傳出些緋聞。為防老田「晚節不保」，老闆娘釜底抽薪，把「空姐」一個個陸續辭退。恰好老家三嬸子二舅母一群親戚帶著孩子在京「打秋風◎」，便挑些「根正苗紅」的女娃子「換了崗◎」，又省錢又放心。連經理也換成娘家人。

一個將軍一道令，一朝天子一朝臣。整個火鍋店頓時面目全非。老田的火鍋本無什麼特色，而原來的客人中有不少是衝著「養眼畫面」而來的。如今既然「養眼」變做「礙眼」，沒幾天便星流雲散，另覓他處。只剩下少

◎進項：即所謂的收入、進帳？

◎打秋風：意喻藉故向人佔便宜。

◎換了崗：「崗」唸ㄍㄤˇ，為大陸用語「工作」之意。換了崗，意謂人事調動。

數日韓女客尚肯光臨，品嚐鮮嫩正宗的「上腦」、「眼肉」、「大三叉」、「黃瓜條」（以上均為牛羊嫩肉部位的稱謂）。

至於服務員的長相、口音都無所謂，反正她也聽不懂中國話。「望美人兮天一方」，老田便無心打理店務，佯稱公司有事，暗中等待時機。老闆娘卻對門庭日見冷落心急如焚，要娘家外甥開著車，隔三差五地到各種大小餐廳「取經」。她心裡明鏡一般，再這樣下去，賠錢事小，老田肯定借題發揮，讓「空姐」復辟，自己「清君側」的勝利成果便將化為烏有。

吸引人氣的幸運大轉盤

終於皇天不負苦心人，經過一番「調研」，學來也罷，偷來也罷，總算會了幾招。還聘請了一位有經驗的經理。經理上任先是理順內政外交。招聘了一批新人，身材雖不高，卻頗具親和力，也算「養眼」。為聚攬人氣、活躍氣氛，餐廳做了一個直徑一公尺的大轉盤，用彩色貼紙分區，分別寫上啤酒、可樂、免20元、免30元、5折等字樣。一個小窄條上甚至寫明「全桌免單」。顧客用餐達到100元即可旋轉一次。指針停在哪個區域，便可享受相應的優惠，如果指針在兩個區域之間，則就高不就低。

轉盤放在大廳中間的舞臺上，取名「幸運大轉盤」，金光閃閃，甚是醒目。由於獎品直接兌現，很有吸引力，尤其受到兒童的喜愛。還有些成年人自言不要獎品，借此「試試手氣」，然後去買彩票。人來人往，眾目睽睽，簡直成了一項娛樂活動。

大廳另一側用屏風隔出一塊地方放置「鏢靶」，不分消費金額，每桌可投三鏢，獎品為酒類、玩具、茶葉等。時常有顧客吃飽了在此PK飛鏢的，人氣頗旺。

經理又重新整理了優惠卡登記名冊，寄信件、發訊息請客人回籠。知道生日的寄去賀卡，憑賀卡可以在店內獲贈生日蛋糕。遇有節日大幅優惠，滿100元送30～60元的優惠券。每週六日生意稍差，便推出新菜免費品嚐或買一送一。

　　以上各項措施輪番實行，同時狠抓菜色品質，還招聘了幾個有經驗的銷售主管，按銷售業績分紅。一兩個月後，初見成效，回頭客大增。又過一段，財氣更旺。一時間居然要排隊等候，內外一派朝氣。

　　面對大好形勢，老闆娘忘乎所以，自詡力挽狂瀾、中興有功，言語間翻出舊賬，未免對老公不恭。老闆本來對「空姐」離去便耿耿於懷，此刻一見「復興」無望，更對經理懷恨在心，遇事每每作梗，時常話中有話地念叨開支太多。老闆娘畢竟與老闆是歷經「貧賤」的夫妻，胳膊自然不會朝外拐。經理夾在其中，左右為難，幾個回合過後，自知被老闆娘當了「槍」使，便遞上辭呈，全身而退，免遭暗算。

　　新經理上任，另起爐灶。大轉盤、飛鏢等前朝舊政一併廢黜，大廳暮氣依舊。

🐾 黑貓白貓經驗談

　　其實，火鍋店這些招術，在北京餐飲業不過是小打小鬧。要說大的，有抽獎送「金戒指」的，還有喝酒喝出「新馬泰七日遊」的。不過這些大多是借機宣傳、聳人聽聞，真正趕上的鳳毛麟角。

　　北京東直門有家店，新開業，人氣欠佳。老闆為吸引客人，想盡方法，自稱「不管黑貓白貓，抓到耗子就是好貓」。當時店裡的烤鴨爐一天最少要賣20隻才夠劈柴錢。為了推烤鴨，先是吃炒菜送烤鴨，炒菜滿100元送半隻，滿200元送一隻。最多一天送出三十多隻。

　　送歸送，不明說，而是讓顧客抽獎，獎券全是烤鴨。也有的故意寫著「可樂一瓶或烤鴨半隻」。搞笑！還沒有傻到連這個都分不清的人。其實就是要讓顧客覺得自己手氣好，「佔到便宜了」。開餐館想賺錢必須得讓顧客覺得自己佔便宜了，他才會再來。反之，顧客就「拜拜」了。

　　老闆還嫌不足。又用茶壺促烤鴨，點一隻烤鴨送一把紫砂茶壺，也是抽獎。茶壺造型奇特，惹人喜愛。顧客如果單買茶壺，每個索價28元。當時

一隻烤鴨48元，喜愛茶壺者為何不買烤鴨呢？這招兒挺見效，一天能送出四十多把茶壺。甚至有人為了多挑幾把茶壺，不惜買烤鴨「打包」的。把個烤鴨師傅忙得不亦樂乎。

沒幾個月，烤鴨不但不再送，價格也從48提到58，最後到68。若論茶壺真實價格，北京紅橋批發市場買的，5元一個！

臨近春節，抽獎又開始了。這回是找幾十個黑色塑膠膠卷盒，內裝獎券，放到大口袋裡讓顧客自摸。獎品從「全桌免單」到「可樂一瓶」。大年初一，餐館旁邊冷氣機店老闆請夥計吃飯，七百多元。老闆的兒子摸著了一等獎，「免單」！周圍一片嘩然，瞪著眼看結果。冷氣機電老闆也以為餐廳開玩笑，沒想到真免了，得意之中便有幾分不忍，都是生意人呢！於是初二、初三、初四連來三天，有意讓餐廳再把錢賺回去。餐廳經理則每次打七折。原來因為在門前停車，兩家還發生過小矛盾，這回冷氣機店老闆跟餐廳經理倒是成了哥們兒了。

除此之外，該餐廳還有多項打折、優惠、返券、贈送活動。目的只有一個：留住回頭客。效果也不錯，該店早已成為那一帶龍頭老大，晚間，顧客排半小時隊候餐是常事。

另一家店抽獎也挺有戲劇性的。春節，大門口設置了一個獎品台：特等獎一台聯想電腦，價值四千多元。一等獎山地自行車一輛。二三等獎也很誘人。

不說別的，單說自行車。抽中第一輛的是個小夥子，吃了二十多元。抽著自行車不敢拿，生怕有「貓膩◎」。他說：「這不跟相聲裡說的似的，買一毛錢『白芨◎』，給一隻白色母雞嗎？」抽中第二輛的是位小姐，不會騎

◎貓膩：北京常用俚語，泛指台面下或不可告人的作為。

◎白芨：中藥名，價廉。因芨與雞音相近，常有誤會。這句話帶有調侃的意思，指天下那有那麼好的事。

車，打了輛出租，連人帶車一起走了。抽中第三輛的是山西太原來的，沒法帶，把車賣給街口修自行車的了。抽中第四輛的是位學生，抽著車特高興，說是正想一會兒買車去呢。抽中第五輛的是一對新婚夫婦，激動得當眾接吻，把車打足了氣，男蹬女坐，「夫妻雙雙把家還」了。

七天裡，五輛車，成為街頭美談。宣傳效果不言而喻。

餐廳經理順勢擴大戰果，節後推出「進門先抽獎」。四種菜：獅子頭、紅燒肉、清蒸武昌魚、麻婆豆腐。每款一元，每桌限一款。又給顧客一個小驚喜。幾番驚喜，便奠定了人氣。

當然，咱們說的這些，前提條件是在菜餚品質、價格，餐廳環境、服務都相稱的情況下，採取吸引人氣的手段才會奏效，否則也是瞎掰。

不過，抽獎返券，雖說「羊毛出在羊身上」，對於顧客來說，有，總比沒有好。

打折與不打折——在回店率與利潤之間走鋼索

人氣是商家的生命線／破財消災的「危機處理」／酒水海鮮不打折

買賣開業都講究「黃道吉日」，八、十八、二十八等日子最受青睞。不過對於開飯館的來說，月份遠比日子更重要。有句話說，「九月金、五月銀，正月開門不見人」，講的就是季節的重要性。

👆 人氣是商家的生命線

五月開業，天氣一天比一天熱，人們大多不願在家自己做飯；再說天長夜短，人們也願意在外面多待會兒，所以餐館的生意也會好。有幾個月知名度打出去了，建立了穩定的顧客群，飯館也就站穩腳步了。

　　九月開業天氣涼爽，「貼秋膘」進補；十一「黃金周」；之後不久，馬上又臨歲末，公司消費增加，一波接一波。春節之前應當見著「回頭錢」了（即開始有利潤）。如果還抓不住機會，又沒有實力「扛」下去，那就趁早別開餐館了，您不是那塊「料」呀！

　　惟獨正月，「天氣」、「人氣」上下夠不著。天冷，人們不愛出來；剛過完年，一肚子雞鴨魚肉還沒消化完，錢又花得差不多了，正處於「節後三天微」的階段。而作為餐館顧客主力軍的外地人，大多還在老家沒回京，大學生又正放寒假。別說顧客少，連店裡的夥計都招不上來。老的回老家過年了，新的還沒上來，勉強找幾個也是「姥姥不疼、舅舅不愛」的。如果選這麼個日子開業，豈不是自找倒楣嗎？

　　不過，因為資金問題、轉讓問題、裝修問題、驗收合格問題、招聘員工問題等，很多餐館的開業時間趕不到「黃金時段」，也有根本不信這些的。總之，不論趕到幾月份，餐館都有開張的。那就要充分運用價格損桿來吸引人氣了，「打折」就是最常用的方法。

　　據說，北京有所謂「吃折」一族，專門遊走於各個商鋪間。開業也罷、促銷也罷，只要你在廣場或門口搭上臺，台底下就能看見他們。答對了題有獎品，不論值多少錢，哪怕是一桶食用油，轉手就賣。如果抽中了電視機、洗衣機，更能發一筆小財。商場購物折價活動，也少不了這些人。因為有些券當天不能使用，他們便低價收購，到能用的日子再賣出，賺個價差。做這行，成本不高，需要的只是資訊和時間。商鋪明明知道也無可奈何，否則他們給你起哄。再說獎品送誰不是送，這些人聚在台下，還可以烘托人氣呢！

　　餐館開業往往有較大動作。某城市出現過可以連續「白吃」七天的，後因秩序大亂，中途被有關部門制止。北京沒這麼瘋狂，不過打五折、甚至更低的常常可以見到。

知道消息後，「吃折」族會屆時光臨。不要酒水、青菜、湯類，專揀性價比最高的肉類菜。如果再有折價券更好，第二天再「撮」一頓◎。餐館老闆開業的幾天裡忙得「撂下耙子就是掃帚」(言其忙亂)，各方面的貴賓還應付不過來，看見絡繹不絕的顧客滿心以為財神爺來了，哪裡還顧得算細賬。幾天打折過後，才知道是「賠本賺吆喝」。先賠後賺，以後慢慢來吧。

開業的熱鬧場面過去之後，人氣漸弱。過一個月又搞折價券，熱鬧沒幾天，又不見人上門。再「打折」。折騰三四個月，有實力的還能勉強對付，「扛」些日子，小打小鬧的就得考慮「後事」了。轉讓不出去，只好遣散員工，掛上「內部裝修，暫停營業」的牌子，等待有人「接盤」了。

餐館換了老闆，也沒有別的招數，仍是開業打折贈券，方法不變。「吃折一族」又可解饞了。

🔒 破財消災的「危機處理」

其實，開個餐館風險也挺大的，別說什麼「福壽螺◎」，一下子撂倒幾十個人，就算一小塊碗碴子把顧客嘴劃破了，這個麻煩就夠你處理幾個鐘頭的。事情不大的，打個五折，顧客也許還能同意。要是上了醫院，來回「打車◎」、掛號、治療費、藥費，沒200元打不住。回來之後，別說打五折，不但餐費結不了，弄不好還得倒賠顧客身體和精神損失。

說個沒傷著人的吧。某餐廳，中午時分，院子裡一張圓桌圍坐著六七個外地來的顧客。餐廳服務員撤餐具，一個不小心，把菜湯灑在女顧客的衣服上。餐廳女主管連忙從宿舍找來自己的新衣服請客人換上。

◎撮一頓：上館子吃大餐的意思。

◎福壽螺：大陸發生過因福壽螺烹調不當造成極多人得到線蟲病而住院或致命。

◎打車：意思是「叫計程車接送」，大陸習慣用語。

飯已吃完，談賠償問題。餐廳提出到「普蘭德」洗染店乾洗，洗不乾淨賠新的。顧客說沒時間，讓餐廳直接賠一件。衣服是德國買的，500馬克（馬克為德國幣值名），發票在山東。雙方談判，天上一腳，地下一腳。兩個小時後，達成協議，飯錢五折，約合150元。女顧客穿著主管的衣服走了，說明天送回來，結果一去不返。可憐的主管，一件新衣服，因自己下屬工作失誤，不敢提多少錢買的，自認倒楣。那個惹禍的服務員是第一天上崗試工，連工資都沒有，更別說賠了，只好辭退。

流行吃「魚頭泡餅」的時候有過這麼一回。顧客說盤子裡的魚頭不夠4斤，頂多3斤半，自己常釣魚，知道魚的大小。服務員處理不了，找來經理。經理一看形勢，魚確實偏小，不怪顧客挑事端。旁邊幾桌都在瞪著眼看著，知道光靠嘴說是絕對平息不了。再說魚都吃了一半了也沒法驗證，越說下去矛盾會越大，不如快刀斬亂麻。於是便提出兩個辦法，一是免費再送一份；二是五折，按2斤收錢。都是老顧客了，優惠（經理機靈，知道絕對不能承認份量虧了，只能說老顧客，打折優惠）。顧客一聽，喜出望外，馬上同意五折，說自己已經吃飽了，也沒時間等。

此時，旁邊一桌顧客指著一堆魚刺，表示自己的魚也不夠份量。經理無奈，也按五折算。吃魚的兩桌都高興了，另一桌吃烤鴨的不幹了，說：「哎，我說經理，那我這個怎麼辦呢？」「您吃的烤鴨跟這魚頭沒關係呀！」「那不行，你得讓我心理平衡平衡啊。我也是老顧客呀！」「您說怎麼平衡？要不您來份魚？也打折。」「不用，你把鴨子給我打五折就行了。」剛開始大夥兒還認真聽，聽到這兒都樂了。幸虧當時只有這幾桌，要不然真成了「五折優惠日」了。

然而從餐廳經理角度看，五折就五折，照樣賺你的錢。「吃虧是福」，少賺點總比鬧翻了強。餐館最怕顧客不依不饒，特別是顧客得理的時候。所以每當餐館自己理虧，就會快刀斬亂麻，透過「打折」把事情平息（管理學稱為「危機處理」），以免激起公憤，或是把顧客逼急鬧大事情。只有傻子才會去和顧客「講理」，企圖說服甚至壓過顧客。遺憾的是，這種傻子仍舊很多，所以才會有許多餐館走馬燈式地換招牌。

酒水海鮮不打折

　　餐館也有不打折的，尤其是酒水海鮮。海鮮不打折大多是因為養海鮮的往往不是餐廳自己，而是另有供貨商。餐廳提供「海鮮池」，供貨商提供貨源並出人飼養，死魚死蝦的損失自理。餐廳則按底價與供貨商結算。這種合作關係造成利益不均，也容易滋生弊病。供貨商為保護自我利益往往不參與打折，或最多提供某種魚蝦打折，但又把其他種類價格提高以保持平衡。如果遇到海鮮打折，「基圍蝦」28元一斤反而要小心，或許是死蝦，或許是用白蝦頂替。

　　酒水不打折，則是因為這是老闆的「搖錢樹」。酒水價差大、利潤高是眾所周知的。炒一個菜，從原料到成品要費多少道工夫，而酒水只是轉手之勞。為保住這塊利潤，「酒水不打折」就成了餐飲界的慣例。無論是金卡、鑽石卡都毫無例外。

　　除「搖錢樹」一說之外，還有個不為大眾所知的「內部」傳說。由於「晉商」的影響力，做生意的都把關雲長關老爺當作「武財神」供奉起來。據說關老爺是「酒神」(與造酒的杜康、飲酒的劉伶無關)。把酒水打折得罪財神關老爺，大逆不道，生意別想賺錢。

　　如此一來，生意人誰敢打酒錢的主意？別說賣酒的，就連買酒的都得掂量。掂量！

　　我這裡姑妄言之，您那裡姑妄聽之！

◎掂量：大陸用語，意為「評估、斟酌」。

第四章

從老闆到雜工——

餐館人事大閱兵

一個檔案，你，我從未耳聞！

妳體貼食家不敢說了，

廚師怒扁食家不敢說了，

不設忌的真面目，

服務人員與集性，

一破即不肖露機密檔案，

真相承事末機密檔案，

打湖一般的的，

汝不肖一般餐飲業有，

辛亨之道——

從老闆到雜工——餐館人事大閱兵

拆遷造就的老闆——人挪活、樹挪死

> 很多老闆起步並不高／天時地利人和＝賺錢／餐飲業的「狂熱一族」

如今北京的餐飲業，除了所謂「國營餐館」，還有大量各種「非公有制」的餐館，數目據說已達四萬家。回想二十多年前，吃頓飯還挺費勁兒的：「國營」的要排隊，「個體」小飯館會坑人。

沒過幾年，餐館越來越多、越開越大，也分不清「國營」還是「個體」、「私營」。感覺到的是菜品種類多了，服務員工服裝漂亮了，門口有人迎送了。也有人發現鄰居二小子前些年還蘸糖葫蘆、烤羊肉串上街叫賣，自從開了個小飯館，現在居然混上一輛「夏利◎」。

🔒 很多老闆起步並不高

說起個體餐館的發展，有句「順口溜」：「一年穿串二年涮，三年速食帶盒飯。」說的是改革開放初期，一些人從烤羊肉串開始，掙了一些錢開個小飯館兒。經營上則由簡單的「涮肉」起步，速食、炒菜逐年升級，漸漸成了氣候。事實上，這樣起家的餐館老闆還真不少。

前幾年，北京平安大道擴寬改建，沿路拆除了不少買賣商家，阿華的小飯館也在其內。眼望著傾注了自己八年汗水的二層小樓一天之間變成了一片廢墟，阿華恨不得與之同歸於盡。他太愛自己的店了。在別人眼裡這只不過是個飯館，拆了舊的可以再蓋新的。而在他看來，這裡承載著自己的一切。

◎夏利：大陸國產車品牌，此句話引申為混得不錯。

歷史是無法重來的。

　　八年前，三張餐桌、七個小凳的小店，承載著他的希望、他的前途，艱難地開業了。這是他賣羊肉串、倒服裝◎賺來的全部家當。

　　一個廚師，一個服務員，阿華身兼其餘全部工作。他還清楚地記得，開業第一天賺了二十多塊錢，他哭了。他把錢交給了母親，母親也哭了。從此他把生日改成了這一天。後來房子變成兩層，錢也越賺越多，他孩子氣地買了一個點鈔機，每天晚上翻來覆去地點錢。他喜歡聽那個聲音，憧憬著有一天需要再買一個。可現在，一切都遠去了。

　　好在還有幾十萬的拆遷補償款，按當時的情況，買房成家也足夠了。就像別人勸他的：在國營單位上班的，可能一輩子都賺不了那麼多錢。不過阿華不甘心就此罷手，幾年來的餐飲生涯，使他懂得一個道理：只有自己救自己。

　　他騎著一輛自行車，滿處打聽哪兒有要轉讓的餐館。兩個月裡他把北京的大街小巷掃了一遍，雖說沒找到合適的地方，卻意外地成了一個名副其實的「胡同串子◎」。這個意外讓後來他的無數老北京顧客把他當成街坊——他能清楚地說出顧客家附近的詳情：街道是東西的還是南北的，有多寬，街口有什麼標誌建築，離學校、醫院、商場多遠。

　　兩個月奔波毫無所獲。一天中午，騎到永定門外木樨園，突然天降大雨。阿華躲到一座樓裡，百無聊賴地四周張望，卻發現這裡是餐飲界的「黃埔軍校」——服務學校。看看牆上的介紹，問問工作人員，心中突然靈光乍現：反正有時間，何不在此學一學呢。

　　一招棋走對，滿盤就活了。學習不但充實了他的生活，也開拓了他的思

◎倒服裝：擺地攤賣衣服的意思。

◎胡同串子：遊手好閒，整天就在胡同裡閒逛的人。

想，結交了朋友。他充滿信心地開始新的挑戰。

🔒 天時＋地利＋人和＝賺錢

某日，阿華路過一家工廠，廠辦公區是一座小院子。阿華找到廠長，試探性地提出租幾間房。不料想廠長正為廠子不景氣著急呢，聽了這話便一口答應。進入實質性談判之前，阿華問廠長家住在哪兒，然後隨口把他家周邊景物描述一番。廠長挺高興，氣氛頓時融洽了不少。最後廠長反倒怕阿華反悔，又提出相當誘人的後續合作優惠條件。幾天後正式簽協議，雙贏，阿華這步棋又走對了。

等到「黃埔軍校」結了業，阿華如虎添翼。他拿出當年「三張餐桌鬧革命」的精神，二次創業。七間平房，半個院子。三間當了廚房，剩下的作餐廳。裝修改造一番，顯得古色古香，令人耳目一「舊」。阿華當初並非特別看好這裡，他不願把飯館設在工廠裡，還不臨街，所以本是隨口一問，哪知廠長同意了，條件還挺優惠。阿華便想在此處過渡一下，有機會再另尋吉鋪。

想雖這樣想，生意還是一板一眼地做。他按照自己的開店方針──讓顧客把老闆當傻子來設計菜單、定價、安排菜量、服務。

別人都說他會賠錢，過不了三個月就得關門。結果誰都沒說對。三個月之後，他又租了剩下的五間房。這回阿華不想走了，他明白，這是他的「重生之地」。是天意！

轉眼到了夏天，那年北京天氣奇熱。雖說家裡有冷氣，也沒人願意把自己圈在屋裡不出來。阿華嘗試性地在院子裡擺上幾張桌，沒想到整夜爆滿。一般兩小時翻一次台，喝啤酒的，吃小龍蝦的，從晚半晌到天亮，一宿得「翻」個五次六次的，熱鬧非常。阿華本是個好熱鬧之人，索性又添個「熱鬧」。請來一支小民樂隊，都是專業的，首席是一級演員。每夜竹聲嚟嚟，弦歌婉婉，薰風習習，燈影憧憧，堪稱「任是無情也動人」。京城裡尚有這

般風雅去處，消息傳出，聞者無不先睹為快。一時間阿華的店聲名大噪，食客蜂擁而至，同業者亦紛紛「取經」，明星「大腕◎」也來趕場。幸虧當時尚未流行「狗仔隊」，否則不知有多少緋聞傳出。小服務員借此大飽眼福，與明星「零距離接觸」，影、視、歌，港、澳、臺，一覽無餘，客人們紛紛要求合影留念炫耀鄉里。

勝利給阿華自信，他製訂了一個修煉內功的計劃。先是請來自己的師傅做技術總監，又招聘一名財務總監及大批廚房高手和外場能人，組成「四樑八柱」的班底。而為了提高管理人員素質，以每天8000元的酬金，請MBA導師講課數次；又特聘外語教師教授英語。自己則心無旁騖認真聽講。一時間，全店上下朗朗書聲不絕於耳。

說話又過了一年。阿華因初戰告捷，不禁「得隴望蜀」，又打起外院的主意，以圖再接再厲。經過一番籌劃，外院擺上數十張塑膠圓桌，撐起太陽傘。院子一端砌起一座小舞臺，燈光音響，一應俱全。每晚，裡院絲竹裊裊，外院搖滾轟鳴，間有相聲小品穿插。笑語歡歌，儼然一場夏夜晚會。

阿華此刻往往坐在人群外，靜靜地望著這一切。再買一台點鈔機已經沒有必要，早有財務部的人馬替他數錢了。一萬元一疊，他只管往手包裡裝就是了。如今一天的收入抵得上過去一個月。掐指一算，今年一個夏天，比過去十年賺得都多！

⚙ 餐飲業的「狂熱一族」

世界上沒有免費的午餐，也沒有偶然的成功。以餐館的辛苦勞累和危機風險，能連續經營十年的，老闆肯定是執著的狂熱一族。依靠「執著狂熱」，阿華的店如今進入TOP10。他先後的兩個「鄰居」，也都成了氣候。

◎大腕：大陸用語，意即「大牌、有實力」的。

　　青姐的店距阿華原來的小店不遠，在北京平安大道擴建時也被拆了。她不甘心就此罷手，同時吸取了教訓，不想再次在路邊開店，而是進入大賓館寫字樓，以免再遭拆遷命運。遷一次就是傷筋動骨。人都說「傷筋動骨一百天」，而對於一個買賣商家，可能就是永久性的一蹶不振。

　　新店遷入大樓，經營方針也隨之調整，由面對大眾的普通飯館改為面對「小眾」的商務酒樓。前一段時間大量餐館風起雲湧，逐利而為，但在市場細分方面還很缺乏。青姐畢竟在商海打拼多年，深知京城對商務酒樓的需求。盡管當時有些冒險，她還是下了決定。為適應新顧客群體的飲食要求，她打造了「新派菜」的品牌，既有原菜系的風味特點，又符合都市白領的飲食習慣，還頗具文化背景。

　　創意雖好，推廣起來卻甚費周章，靠著執著和狂熱，癡心不改，最終品牌打響。再下來便一家店一家店地開起了連鎖，直至開到外地，還準備開到外國。

　　青姐的用人方針是「民富國強」，員工的待遇令其他餐館的員工大為羨慕。服務員工資1000元起步，相當於其他店的主管；服務主管3500元，比小店的經理都高。駐店總經理就不用說了，除了工資還有超定額提成和年終獎金，月平均過萬。為了方便工作，每個店的經理配備筆記型電腦一台、桑塔納轎車一部。

　　俗話說「重賞之下必有勇夫」。當然，除了重賞，還有親情。

　　結果不僅「勇夫」，連「謀士」也紛紛歸附，青姐的店裡人才濟濟，「有勇有謀」。各類人員「跳槽」跳到那裡就算是終點了。經營方針和用人方針的兩步高棋，把青姐的店推向事業的高峰。

　　阿華的另一家街坊老姜，也是靠實打實地幹出來的。他原受聘於幾個港人開的粵菜館。上工第一天，老薑就堅持「品質第一」、「物美價廉」，把個原本虧損的店搞得井井有條，令港商極為讚賞。那時，北京的粵菜館林立，兩張小桌的街邊飯攤都敢標榜「正宗粵菜」。老薑硬是靠「做人氣」打

出了品牌，打出了名氣。幾年後，港商帶著投資和巨額返回香港，把個店讓由老薑繼續經營。

老薑奉公守法，創造過年納稅百萬元的業績。正在生意蒸蒸日上之時，一紙拆遷通知來到。老薑無奈，只得搬家。

遷到新址，老薑的經營策略依然是「做人氣」。先從宵夜入手，各種點心粥類及飲品一律五折。新址那一帶正缺個宵夜餐館，如此一來，「夜遊神◎」找到了「組織」，紛紛結隊來歸。老姜趁機發放限白天使用的優惠券，又帶動了白天的生意。有出租車◎把客人拉來的也不會「白拉」。沒幾個月，生意「火」得一塌糊塗。老店本來就有名，此刻則不排號休想吃上飯。老薑又咧著嘴笑了。

一年後，拆遷地區建好回遷時，老薑死活不動了。他也不擴大規模，也不開新店，守著二環路的「風水寶地」頤養天年。如今，老薑的店雖比不上阿華和青姐，在北京美食榜上也算是赫赫有名了。

餐館經理──好漢子不愛幹、賴漢子幹不來

千條線紉一根針／內練一口氣／外練筋骨皮／累出了亞健康

過去的老飯館，「東家」(投資者)不出面，而是聘「掌櫃的」管理。大掌櫃抓總，相當於總經理。二掌櫃負責進貨，相當於採購供應部經理。三掌櫃管櫃檯賬房，相當於財務部經理或主管會計。四掌櫃(如果有的話)往往是「東家」的親屬，負責接待顧客，沒有明確的職務要求，也不承

◎夜遊神：意指晚上通宵不睡的夜貓子一族。

◎出租車：就是台灣所說的計程車。

擔重要的實際責任，俗稱「甩手掌櫃」，相當於公關部經理，同時肩負「東家」耳目的作用。

目前，規模稍大的餐廳，老闆也往往是分設經理和主廚管理「前廳」(外場)和「後廚(內場)」。再大些的連鎖店則另設總經理，負責全店事務。老闆則身居二線，進行指揮和決策。

總經理在「一人之下，眾人之上」，不僅位置重要，對餐廳日常工作所起的作用也是決定性的。飯館有「四樑八柱」之說，總經理就是最重要的「樑」(另三樑是主廚、會計、採購)。

總經理最好是在前廳和後廚都做過，有實際經驗。這樣不僅有利於對工作的瞭解和安排，也不會因為不懂廚房的事說外行話而受到廚師的排擠。

🔒 千條線紉一根針

錦苑餐廳的鄭總經理最近有點煩，連續有幾件不順心的事。先是附近的街坊鄰居投訴「空氣污染」、「噪音擾民」；然後是員工宿舍丟東西、丟錢，鬧得不可開交；煤氣中毒的女服務員早上剛送醫院，下午又有人把胳膊燙了；前幾天晚上顧客停車被「貼條◎」還沒「鏟◎」，昨天，又有顧客吃冷盤讓碎玻璃片把嘴扎破了，賠了1000塊錢。這些事要是在以前，早把他急死了。如今早已經習慣在刀尖上過日子，把這些當成了生活的一部分，他講話，「只要不著火、不死人就好辦」。如果一個月裡不出幾件事反倒擔心，害怕出大問題。

鄭經理今年四十多歲，正式的「官銜」是某餐飲公司的「駐店總經理」，受老闆委派，負責該店的日常管理。老闆的要求很明確：「別出事、

◎貼條：被警方開罰單。

◎鏟：處理、解決的意思。

92

多賺錢。」話雖簡單，執行起來可就沒那麼容易了。餐廳前前後後男男女女上百號員工吃喝拉撒睡，一天接待上千顧客，應付各種客訴，還要完成幾萬元的「流水」（營業額）。方方面面、內政外交，不出事是不可能的。所謂「不出事」，對內只是大事化小、小事化無，別讓外界知道而已。對外則要應對好工商、稅務、公安、消防、交通、城管、勞動、環保、衛生、物價、街道等各有關部門，還要特別提防媒體，絕對不能有負面消息曝光。

雖說不是每件事都要親自處理，可有的事，與其讓下屬辦「夾生◎」了，還不如自己多受點累親自辦踏實。真是千條線紉一根針。

內練一口氣

飯館徵人向來是「包吃包住」。吃倒沒什麼，「開飯館不怕大肚漢」。住可就麻煩了，宿舍是一個「是非之地」。有的員工來自貧困地區，自我保護意識（只能用這個詞）極強，誰動了她的洗髮精、護手霜都能掀起軒然大波。最不好辦的是有人丟錢，揚言解決不了就上派出所報案。家醜外揚，老闆能同意嗎？若來勘察現場，說不定惹出別的麻煩來。自己查吧，誰也不是福爾摩斯，沒那個能耐。偶爾碰上個膽小的，詐唬幾下可能就「摺」（認罪）了。大部分都是不了了之。老鄭明白，做這種事的多是老手。以應聘服務員為名，進店後摸清同宿舍人的「家底」，抓一把是一把，然後走人。

也有人丟了錢心中不平，又去偷別人的。冤冤相報，更麻煩。後來改了辦法，新招聘的員工五天之內不安排住宿，發現情況不對的，立即辭退。另外老鄭還在大會小會上講，連嚇唬帶感化，說：「我都知道你們老家在哪兒。你要是做了壞事，單位就發一封公函寄給你們村委會，讓你們家祖孫三輩都抬不起頭來。」農村人顧臉面，這幾招兒似乎管用。錦苑的「犯罪率」確實比周圍飯館低。

◎夾生：原指菜沒煮熟透，引申為事情沒辦好。

老鄭最擔心的是「火災」、「死人」，沒想到還都趕上了，不過都是有驚無險。

那天廚房油鍋著火，火勢嚇人，幸虧有滅火器，及時撲滅了。當事廚師罰款200元，主廚負連帶責任，自罰100元，老鄭負領導責任，自罰100元。

「死人」的事就更玄了。一個女服務員下夜班用宿舍的取暖煤爐燒水洗臉，洗完沒蓋火蓋就睡了。宿舍裡沒有別人，發現時她已昏迷。老鄭親自開車送朝陽醫院急救。謝天謝地，人總算醒過來了。為此老鄭不僅害怕而且深深自責，萬一出個好歹，怎麼跟孩子的家裡交代。老闆更害怕，當天就把宿舍的煤爐全拆了。

這些事都要嚴格「保密」，對外還不能走漏風聲。您說這鄭總經理練的這叫什麼功？真應了那句老話，叫「內練一口氣」呀！

🔒 外練筋骨皮

拿「空氣污染」來說，老鄭認為明擺著是周圍居民想要點補償，可是不能點破了。老闆有話：「錢是一分都不能給。」前幾天老鄭派前廳經理到社區協調，二十多歲的女孩，沒經驗，一著急把這話說出來了。這下可捅了馬蜂窩，居民派了幾個老頭老太太坐到大廳門口「講理」。你說不得、動不得，生意怎麼做？鄭經理只好出來，陪著笑臉說好話，當面打電話給區環保局，請他們來檢測，好容易才把幾位老人請走。

第二天趕緊清理排煙道和過濾器。怕不保險，環保檢測時還臨時使了個小「貓膩」。過了幾天，檢測單下來了，合格。老鄭心裡的一塊石頭才算落了地。把檢測單影本送到社區辦公室，順便帶上一些打折卡和優惠券安撫一下眾人。三天了，沒人再找來，看來這一關算是混過去了，什麼時候「重蹈覆轍」，再說吧。

過後一想，人家居民希望有個良好的生活環境也沒什麼不對的。可咱吃老闆的飯，總不能胳膊往外彎。

　　居民的事情好辦，不管怎麼說也是「民」。應付各個相關部門就不一樣了，那是「官」。弄不好罰款甚至封門停業整頓都不是沒可能。

　　「長官」那裡，有老闆該辦的事，除此之外，老鄭能做的就是把客人的投訴在餐廳內解決，不讓事情鬧到「消協◎」。好在老闆說了，從「打折」到「免單」全權處理。不過老鄭明白，天天「免單」那種活兒「掛塊骨頭，狗都幹得了」，還要自己幹麼？所以遇到難纏的顧客也得絞盡腦汁、費盡唾沫，實在不行再動「錢」，總得讓人看著自己確實抵擋了一陣。把蒼蠅說成大料，一口吞下去的事屬於「痞派」，老鄭不幹，有損名聲。有時候，顧客的手指頭都指到臉上來了也得忍，還得賠笑臉。別說什麼「和氣生財」，其實是用尊嚴換飯碗。

　　不過，委屈也不白受，工商局送了塊「消費者信得過」的牌子，算是對大家努力的認可。

　　稅務方面，別以為都是財務部門的事。有一天夜間，顧客吃完飯要發票，恰好發票用完。收銀員不知深淺，開了一張「收據」，被老鄭發現了。根據規定，沒有發票，顧客可以拒絕交款。用收據代替發票是逃漏稅行為，要處罰。客人一旦持收據舉報，夠老闆喝一壺的。老鄭忙讓人到旁邊飯館開了一張給顧客，同時給已在家中睡覺的會計打電話，回單位取出備用發票。會計意見大了，老鄭又好言撫慰：「真讓稅務局罰了，咱倆都跑不了。」

　　與其他部門「過招」的事情就更多了，按老鄭的說法，「外交」的事佔工作量的四分之三點五。不過，大部分都不能往外說，過去就完了，哪可能都合理合法呢？

累出了「亞健康」

　　說實在的，真能把飯館經理的工作做得稱職，不用說，做三年，既提

◎消協：大陸的消費者協會，等同於台灣的「消費者保護委員會」。

高了氣度、涵養，又鍛煉了與上下左右交往溝通的能力，以後做什麼工作都沒有做不了的。不過，老鄭還是不想幹下去了，整天提心吊膽，總覺得不踏實，唯恐出什麼事讓老闆怪罪。這一陣子不知怎麼了，感到特別累，站著的時候就想坐著，坐著的時候就想閉上眼，閉上眼就想躺下睡覺，真躺下又睡不著了。有個醫生顧客告訴他：「你這是亞健康◎！」

一將難求的主廚——餐館成敗繫於一身

多年媳婦熬成婆／後廚半邊天下／包廚房的穴頭／千軍易得，一將難求／身敗名裂難以立足

前文談到，開一家餐館像蓋房一樣，要有「四樑八柱」。廚師長(主廚)便是其中一「樑」。他決定著菜單及菜餚的品質、味道，進行廚房(包括廚師)的日常管理，並在成本核算中負有重要責任。以目前餐館的現狀來看，傑出的主廚不多。又因為責任的重大與大部分主廚自身素質及能力的關係，規模大些的餐館還會同時設立「行政總廚」負責事務性工作或設「技術總監」負責菜餚品質監督及技術研發工作，以降低「主廚」工作的難度。不過對於大部分餐館來說，後廚人數在20人以下的，往往只設主廚一人。

🔒 多年媳婦熬成婆

「多年媳婦熬成婆」是眾多主廚的共同成長歷程。先在一個小店裡學徒，幾年後會炒幾個菜了，「跳槽」去大一點的店，或「帶藝投師」拜名師鍍金。再過幾年，稍有資歷、名聲便開始「收徒弟」。這是廚師人生經歷

◎亞健康：『亞健康』是身體狀況介乎健康與罹病之間的狀態。『亞健康』雖不是疾病，卻是現代人身心不健康的一種表徵。

中的重要階段，有了師傅、有了徒弟，便在廚行「江湖」裡有了自己的地位和「地盤」。廚行與武林及戲曲曲藝界一樣，頗具「江湖」色彩，講究「門派」、「師承」和「出身」。沒有師傅，技藝再高也難被同行認可，一句「他沒師傅」便被輕易否定。

「門派」猶如武林中的「峨嵋」、「武當」。「門」是指「菜系」，是宮廷京滬，還是川魯粵淮湘閩浙皖哪個菜系。「派」則是指「菜系」流傳到其他區域，形成新的特色。如「京派川菜」、「滬派川菜」。「門派」本身並無高下之分，就看當前流行什麼或缺少什麼——「物以稀為貴」。

「師承」便是指師爺師傅師兄弟一班人馬。師傅是誰，什麼時候拜的。因為這裡面還有個真假問題。有的人只是一般性的認識，便稱某大師為自己師傅，實際並未正式「拜」過。大師沒有親手教過，也沒在公開場合對外承認過。這種人最多只能稱為某大師的「學生」，而不是「徒弟」。

是不是某大師的徒弟，透過「盤海底」(即瞭解對方底細)很容易發現漏洞。而一旦發現對方是「空子」(冒充)，反而會更客氣，敬而遠之，絕不當眾戳穿，讓人下不了台。「不看僧面看佛面」，這也是江湖裡的規矩。否則一旦傳出去，很容易壞了名聲，落個「不厚道」的臭名。

「出身」並非指工人農民幹部，而是指在什麼地方做過。在北京，川菜廚師若出自北京飯店黃子雲大師門下或出自峨嵋酒家伍鈺盛大師門下的，會非常自豪地自報家門：「我師傅是×××，師爺是×××。」光聽名字就能讓您肅然起敬。但是僅靠這個還不夠，還得有個好「出身」，「北京飯店」、「四川飯店」之類，才能更為增色。還有些大字號，例如「仿膳」、「豐澤園」、「全聚德」，名字便代表了身價。這些如雷貫耳的字號讓您不好意思問：「是北海公園裡的『仿膳』嗎？」如果對方說「全世界就一個『仿膳』」，就顯得您太外行了。

廚行有個習慣，喜歡「盤道」，即在交談中互相打探對方底細。「名門」出身的往往聲洪氣壯，問一答三，借機炫耀。小門小戶出身的則吞吞吐

吐、支支吾吾，或生拉硬扯「攀高枝◎」。

　　單從這一點上來說，要想在廚行裡有個好「起步」，您也得「上大店、拜名師」。否則，即使您用師爺的名字鎮了人家一下，一到您自己，在「和平里往東，第二個路口北邊，挨著一個食品店，門口有一個報亭子」的無名小餐館裡打工，那也一切全完。

　　具備了以上條件，便可以大大方方地應聘「主廚」。中型以上餐館，工資至少6000元。您的「師承」和「出身」不但是您寶貴的無形資產，也是餐館老闆的「賣點」。如果真是某「大腕」名廚的徒弟，師傅有時還會在適當時候光臨餐館，「托」徒弟一把，弘揚門派。後廚那些平日不服氣的廚師頓時便安靜下來。有些甚至乘機「套瓷◎」、照相、拉關係，以圖「改換門庭」。按「江湖規矩」，對輩分比自己高的，即使不是教過自己的「本屋師傅」，也須同樣尊重，否則便有「欺師滅祖」之嫌，乃江湖大忌。

🔒 後廚半邊天下

　　主廚上任，首先是把自己帶來的人馬安排好，誰「炒鍋」(炒菜)，誰「砧板」(切菜)，誰「麵點」。然後提出自己的菜單供老闆參考。除了本菜系常見菜之外，還須有自己拿手的特色菜。

　　與此同時，還要適當招聘一些廚師，雖說最後由老闆定奪，但真正「懂行」的老闆不多，再考慮到以後的關，往往還是主廚說了算。主廚若從老闆角度考慮，會任人唯賢，若從自身考慮，便會挑手藝雖不太好，可老實聽話好領導的，以免給自己的地位造成威脅。

　　「手藝人」有個特點，同行是冤家，彼此誰也不服誰。甚至有給師傅

◎攀高枝：用盡心思攀龍附鳳的意思。

◎套瓷：想搞好關係的意思。

「下套◎」的。別看廚房裡就幾十號人，還真是不太好管，如果主廚沒有幾個「自己人」分兵把口，能讓這群廚子給折騰熟了，直到像足球隊員炒教練一樣，把主廚擠走。所以主廚從不單身上任，總要有幾個幫手當骨幹。

主廚的日常工作主要是監督進貨品質、出菜品質，各部門工作是否到位，衛生、安全有無問題，一般並不親自炒菜。當然，如果廚師不太多，主廚也頂一個「火眼◎」炒些高檔菜。正常情況下並不累，但是他的責任很重。進貨品質不行，質次價高，讓供貨商「矇」了，不僅丟臉，還加大成本。出菜品質差，顧客老退菜，不但有損名聲，還直接影響上座率，即影響營業額，讓老闆賺不著錢。

衛生沒注意到，顧客吃出個蒼蠅、蟑螂，就得打折，等於幾個菜白炒，老闆的臉肯定拉得臭長。一旦發生食物中毒更不得了，小則賠償，大則停業整頓。追查起責任來，主廚也沒臉待下去，只好引咎辭職。

正因為工作重要，所以主廚的權力很大，在廚房說一不二，就連餐廳經理也不去惹他。平日裡主廚也不去管廚房以外的事，與前廳服務經理相安無事，井水不犯河水。然而一旦出現問題，例如顧客退換菜，矛盾就出來了。若是顧客嫌菜淡了、鹹了好辦，再加工就是了。若是顧客嫌菜的配料味道樣式不對，或原料變質，主廚必定不承認。承認這個就等於「認栽」，承認是自己的責任，損失自然由廚房「買單」，老闆不負責。前廳經理往往好言相求，再不行只能找餐廳總經理協調。偶爾發生還可以，連著幾次，主廚絕對不買賬，否則手下的廚師擺不平。所以顧客一旦要退菜，特別是高檔菜色，難度極大。服務員千方百計辯解，怕的就是主廚「翻車◎」。

◎下套：大陸用語，意即「佈下圈套」、設陷阱之意。

◎火眼：爐灶之意。

◎翻車：翻臉的意思。

包廚房的穴頭

　　前些年還有一種經營方式叫「包廚房」。由某人自帶一套班底，對廚房從進貨到出品實行全面「承包」管理，然後按餐廳營業額與老闆實行「分成」，有如組織演員「走穴。」演出的「穴頭。」。

　　這種辦法看起來老闆省心，剛開業或營業差時，工資費用負擔較少，所以也曾流行過一段。但問題很快顯現出來，一是前廳後廚關係緊張，廚房精打細算，錙銖必較，顧客退個菜難上加難，服務員兩頭受氣，常常引發對立。二是廚房變成「獨立王國」，老闆權力被架空。三也是最主要的，餐廳若是連續幾個月營業不好老闆著急，說不定要換人。主廚賠錢給廚師開工資更著急，「承包」就要「黃」。而一旦生意「火」了，老闆看主廚大把分錢，心裡也不平衡，就找個藉口中止合約。原主廚一旦撤出，老闆就要重組班子，餐館說不定要「內部裝修，暫停營業」一段時間。然後新班子上臺，推出一套新菜。這也是餐廳菜品口味常變的原因。

　　在「包廚房」的基礎上，還有「包流水」的，也就是保証一個月賣出多少錢。達到定額按比例分成，達不到的，由承包人「倒賠」。這種辦法暫時減少了老闆的經營風險，但承包人「無利不起早」，經營上的短期行為必定損害老闆的利益，如對廚房設備用具的破壞性使用，還有暗中偷賣餐具的，其結果可想而知。

　　目前大量資金流入餐飲業。許多人在煤礦、石油、房地產、貿易等行業甚至演藝界賺到錢，為分散風險，把錢轉投資到餐館。這些人既不懂餐飲，也沒時間實際管理。於是有一種名為「餐飲管理公司」的行業應運而生。根據不同協議，這些公司或是承包，或是出人(經理、主廚、廚師)。由於經營的專業化，有些餐廳搞得還不錯。

◎走穴：即私下到他處接表演工作。

◎穴頭：負責安排私下接表演工作的仲介人。

🔒 千軍易得，一將難求

主廚依靠自帶廚師一班人馬「擁兵自重」，別說前廳經理，就是老闆也投鼠忌器，不會輕易招惹，惟恐牽一髮動全身。如此便養就了一批「驕兵悍將」，讓人既恨又無奈，沒有幾分本領的老闆真要被牽著鼻子走。許多餐館就是被這些廚子拖垮的。再換個主廚還是差不多，或是自身技藝不精說話不硬；或是私心過重、一碗水端不平，難以服眾；或是能力不夠，挑不起大樑。故而「千軍易得，一將難求」。絕非僅憑「門第、出身」便可勝任。話說幾年前某餐館即將開業，提前由熟人介紹，認識了在北京某大飯店川菜廳任主廚的路師傅。路師傅是特級廚師，師從川菜大師數年，又曾公派在國外中餐廳工作過一段時間，還擔任過某領導人的家庭廚師。可以說，除了沒拿過獎杯，一個廚師能具備的他都有了。幾次交談，老闆相見恨晚，於是決定聘為主廚，工資六千元。路廚當時正待崗◎，便一口答應下來。

哪個大廚手底下都有幾個人，沒費多大勁，路廚便組織好了一套班子，從切菜的、炒菜的、熬湯的、拼盤的、點心的樣樣俱全，甚至原單位的西餐廚師下崗，也給拉了進來增設西餐。工資三千、五千不等。一時間，路廚名聲大振，號稱「及時雨(宋江)」，廚房亦人丁興旺。

路廚在眾星捧月中躊躇滿志，一心以為按自己的門第身份，搞這麼個餐廳易如反掌。豈料驕兵必敗，大飯店裡的餐廳與社會上大街邊的餐館酒樓根本就是兩回事。消費群及消費目的、口味、標準都不一樣。餐館開業後，一路蕭條冷落。不過老闆心寬，並未表示過不滿，廚房一切仍由路廚管理。

話說眾廚師得了這麼個好去處，心存感激，便不時請路廚喝酒，有時順便在店裡找些下酒菜。路廚明知也未制止。在「國營」飯店，這也許不算什麼；在私人飯館可是個大忌，「手腳不幹淨」啊。老闆得知後心中頗為不快，但也沒太計較，大局為重嘛。誰知有人見此，越發得寸進尺，便打起更大的主意來。

◎待崗：意即「待業中」。

身敗名裂難以立足

再說會計算賬，一個月下來，進貨與銷售不符，好多東西都無法對帳。就說花生米、松花蛋偷吃了，那還有不少雞鴨魚肉哪兒去了？前廳也反映大盤子不夠用，可洗碗的說沒見碎幾個。老闆一聽這個便起了疑心，一個盤子好幾十塊錢，於是安排「自己人」暗中觀察。

這一觀察還真觀察出問題來了。先是查出大盤子失蹤之謎。原來是「收泔水的◎」在鐵桶內裝完泔水後，從廚房偷拿幾個洗乾淨備用的大盤子大碗藏到桶裡。某廚師裝看不見，甚至有幾次用自己的身體遮擋做掩護。落實此事後，老闆在「泔水王」又一次作案時將其當場拿下，人贓俱獲。經查問，案情水落石出，原來是該廚師從中分成，故而縱容包庇「泔水王」的偷竊行為。事後雖然這個廚師被開除了，但路廚臉上無光：在自己眼皮子底下的事，居然毫無察覺。

這還是小的，大的還在後頭呢。當時每天上午送20斤「通脊◎」肉，下午送10斤，可是按賬單每天賣不出那麼多，差10斤。肉哪兒去了？就說秤不準也差不了10斤呀！留心一看，還真把毛病找著了。原來供貨商每天上午送肉，10斤一袋，共兩袋。待驗貨廚師過完份量之後，供貨商用蛇皮袋做掩護，乘機又裝回10斤肉去，下午再送來。雖說管庫的也在，忙亂中誰又想得到呢。僅此一項，一天就幾十塊錢。驗貨廚師自然不會白幫忙，據自己承認：每次得10元錢。

這事一出，老闆翻臉了，不過仍給路廚留面子，讓他處理。路廚平日吃喝該廚師不少，此時進退兩難。最後以罰款、扣工資、開除了事。眼見自己帶來的人不作臉，惟恐下面又查出什麼事來更丟人現眼，路廚便以辦理出國之名向老闆請了長假，眾門徒亦陸續離去，一場轟轟烈烈的事業就此煙消雲散。

◎收泔水的：收廚餘廢棄物的人。

◎通脊肉：又稱扁擔肉、背柳，位於脊椎骨上的長條型肉。

其實以路廚的經濟實力，未必糾纏那點蠅頭小利，都是被「捧殺◎」而失察，忘記了主廚的職責，只落得被人看笑話。

老闆則對此事的有功人員借其他機會給予重獎。事後對朋友說：「將來我得寫本書──《我是怎麼賠錢的》。」

我是廚師我怕誰──廚師是個鐵飯碗？

走遍天下都不怕／廚師學藝難，做活不做飯／一把菜刀鬧革命

俗話說，「家有良田千頃，不如薄技在身」。如今走南闖北，出門在外打工最有自信的就要屬「廚師」一族。廚師要找個工作，可比大學畢業生容易多了。在街上走一走，幾乎家家餐館都貼著招聘廚師的廣告。報紙上的徵人啟事，廚師的待遇更是誘人。這種情況促使眾多求職者湧向「廚師」的大門。

🔒 走遍天下都不怕

雖然根據勞動部門的規定，「廚師」要經過資格考試才能獲得認定。但是在民間，特別是私營餐館，卻不太講究這個。他們用更直接的辦法進行「面試」，那就是讓求職者當面炒幾個菜。某川菜館準備開業，要招聘幾個「炒鍋」(炒菜的廚師)。廣告貼出，有數十人應聘。第一輪先「口試」，實際上就是通過談話，瞭解一下對方的情況。例如「門派」(什麼菜系)、「出身」(在什麼地方做過)之類的。

第一位進來後，先自報家門，姓甚名誰。然後遞上一本密密麻麻的菜

◎捧殺：過於寵愛，反而害了對方的意思。

單，川魯粵淮等，幾大菜系俱全，說是這些菜都能炒。結果主廚只是簡單問問，這位卻回答得牛頭不對馬嘴。下一位！

第二位是小夥子，22歲，卻拿出某省頒發的「高級廚師」證照，似乎全然不知「高級廚師」對年齡的要求。老闆與主廚相視一笑：看來馬路上那些『辦證』的小廣告還起點作用。老闆給他一個台階下：「我們想招一個主廚。」小夥子不識趣，順竿往上爬：「我在兩個地方當過主廚。」然後從包裡找出一張紙，是某政協開的，證明小夥子在該部門的對外餐廳當過主廚，月工資8000元。老闆忍不住笑了，調侃道：「你那兒圖章還挺齊全的。」下來之後，老闆說：「弄虛作假的，不要工錢也不能用，他說不定給你惹什麼事非呢！」

一上午篩出六個人，下午實戰操作。為了節省原料，每人先炒一個「宮保雞丁」，一個「魚香肉絲」，都是川菜普通菜。一輪過後，分出了高低。把菜炒成一攤「糗子◎」的，油溫不夠「脫糊◎」的，淘汰出局。剩下三人進入第二輪。最後留下一人試工，言明月工資1500元。應聘者喜形於色，當天就把自己的行李搬了過來。

淘汰了的各位也並不氣餒，有的本屬「騎驢找馬」，其餘的則繼續遊走於各招聘餐廳之間，最終也大多能找到工作。

當前由於供需關係的不平衡，想招到「真材實料」而又「價廉物美」的廚師幾乎不可能。所以大量「南郭先生」充斥在各種餐館裡，顧客難以吃到滿意的菜餚，也就不足為奇了。

廚師學藝難　做活不做飯

有句老話，「唱戲不唱旦，做活不做飯」，講的是過去廚子社會地位的

◎糗子：糊成一團的意思。

◎脫糊：烹調術語。指食材沾裹麵糊後下油鍋卻脫落。

低下。廚子不但地位低，學徒過程也十分艱苦，一般的孩子絕對堅持不來。若不是家裡貧困，家長絕捨不得把孩子送進飯館。

舊時飯館招學徒也分個三六九等，有道是「站櫃、跑堂，沒人要的下廚房」。說的是學徒進門，掌櫃的根據孩子家庭和本人情況，安排不同的職業崗位。

家庭比較好、有點文化的學「站櫃」，將來就是「賬房先生」，屬於管理階層。「站櫃」的學徒也不叫「學徒」，稱為「學買賣」，也就是「白領」，這是第一等。然後挑相貌端正、說話機靈的學「跑堂」，又稱「茶房」，也就是服務人員，這是第二等。

剩下的就是所謂「姥姥不疼、舅舅不愛」的了，家境貧苦，沒上過幾天學，模樣又不討人喜歡，這些人只有「下廚房」。進了廚房並非就可以跟師傅學炒菜了，早著呢！先做幾年「砸煤、添火、掏爐坑」的活兒(過去炒菜用煤灶，燒硬煤塊，學徒每天的任務主要是把幾個灶伺候好了，抽工夫剝蔥剝蒜幹些零活，給師傅沏茶續水點菸袋等等)。只有熬到師弟進門，才有可能部分解脫，否則永遠都是你的活兒。

這時候的學徒是全廚房的公共徒弟，任何比你先來的人都可以支使你。「去，給我把那個拿來」「去，把這個洗乾淨了！」整個兒就是一「碎催」(北京話，指專幹零碎活的)。學徒三年，基本如此。熬過幾年後，根據本人表現，派由某位廚師帶，才算是有了自己的「師傅」，但是仍輪不著幹技術活。此後便圍著自己師傅轉，別人支使你要先徵求師傅的意見。不過聰明的徒弟依然夾著尾巴做人，審時度勢，把該伺候的都伺候好了，得個好人緣。

不管怎麼說，可以站在師傅旁邊了。然而師傅不會手把手教你，「教會徒弟，餓死師傅」，這句話誰都知道。至於怎麼學，就看你自己了。剛進屋先得學切肉，不從手上切下二兩肉學不出來。幹得好的轉「上灶」，即學炒菜。不過一時半會兒還上不了。徒弟要先給師傅「刷炒勺」。這是個機會，用手順勢抹點芡汁，偷偷嚐嚐是什麼滋味，就知道大概用了什麼調味料。那個時代沒有賣食譜書的，就是有，小徒弟也未必認識幾個大字。

　　師傅也不傻，有些拿手菜的關鍵之處根本不讓你看。徒弟正要看師傅放什麼料，師傅發話了：「去剝頭蒜去！」把你支開了。剝完蒜回來，甭說菜已端走，連鍋都刷乾淨了。怎麼辦？找機會到洗碗房，找顧客吃剩的菜盤子嚐嚐汁嚐嚐味。

　　剝過幾回蒜，徒弟學「聰明」了，先剝好幾個放著，師傅一要馬上拿來。師傅一見，行，有你的！抖機靈？下回讓你剝蔥！得，小徒弟又傻了。經過幾次折騰，旁邊有好心人指點他：「你不能太明著了，要不然非讓你師傅轟走不可。」徒弟頓悟，繼續裝傻，解除師傅戒心，同時哄師傅高興。

　　廚房有規矩，炒菜師傅的炒勺未經本人允許別人不許動。徒弟學藝心切，趁早晨晚上沒人，拿到手裡比劃比劃，也算過過癮。放上半勺大鹽或是一塊濕抹布，就勢練練「翻勺」。如果師傅知道了並不言語，這就表示快要教你了。哪天讓你用他的炒勺公開練習，才表明他承認了你這個徒弟。

　　現在學廚師太容易了，找個烹飪學校，交上學費就有人教你。半年一年也好，三個月也罷，考試合格拿個證照你就算廚師了，找個工作混碗飯吃沒什麼問題。可如果打算在這行李做出名堂來，單憑這個還不行。你得正式拜師，最好是名師，還得讓師傅設法把你弄到大店去，混個「好出身」。這樣你才算在「餐飲江湖」裡有了立足之地，將來才有可能出外闖天下，弄個主廚當當。現在大餐館裡的主廚月收入萬八千的是平常事，超過大學教授。到此時你就算混出來了。

　　說現在學廚師容易，其實那個罪真不是好受的。大熱天的，在涼快地不幹活都熱，廚師守著幾百度的煤氣灶，煙燻火烤、口乾舌燥。中午吃飯時間，連炒兩三個鐘頭不休息。過去還可以借準備工作喘一口氣，自從有了「打荷◎」的幹下手雜活，大廚只管炒菜，兩三分鐘炒一個，一頓飯下來，

◎打荷：廚房裏面的全能員工但也是一個雜工，主要幫廚師打雜，什麼都要會但什麼都不是第一把手。

累得胳膊都抬不起來，到吃飯的時候毫無食慾，只想喝幾杯釅茶◎。所以廚師身體好的不多，關節炎、高血壓是常見病症。幹「烙活兒◎」的，胳臂長年燻烤，連汗毛都不長。

一把菜刀鬧革命

運動員抬高身價的辦法是「轉會◎」，換一次東家便增加一次收入。廚師的辦法與之相似，就是不斷地「跳槽」。透過「跳槽」改善境遇並尋找新的機會。然而這種辦法對於廚師並非每次都是成功的，因為有時候新老闆口頭允諾的很好，實際上根本不是那麼回事。

承諾無法兌現，有的廚師憤而離去，也有的迫於生計「勉從虎穴暫棲身」，還有的被老闆用「美人計」套牢，甚至有的被外地惡人騙去，脫身不得。所以經常「跳槽」者，其月收入雖有所增加，但往往做不了多長時間，平均一年只能工作八九個月，算下來也和不跳槽差不多。

廚師小賈，學成後跟別人一起「跑碼頭◎」。跑過幾次把心跑野了，在一個地方待不住，稍有不遂心或別人呼喚便「炒老闆◎」。五年內居然換過4個城市，21家餐館。雖然把工資從1500元炒到3500元，但一算細賬，除去路費、電話費、賦閒在家的生活費，沒剩多少。

算完賬小賈清醒了，再這麼下去還是勞民傷財。於是便收了心，哪兒都不去了。只想找個好地方踏實做幾年，老大不小的了，賺些錢好結婚。小賈雖想踏實做事，可是有點力不從心。耍手藝的都講究「拳不離手，曲不離

◎釅茶：濃茶的意思。

◎烙活兒：指蒸、炸、煮、烙的料理工作。

◎轉會：職業選手轉換球隊或東家的意思。

◎跑碼頭：那裡有錢賺往那裏去的意思。

◎炒老闆：意即離職。將老闆「炒魷魚」之意。

口」。他這幾年打打停停的，手藝有點荒廢，技術上也糙了，試了幾次工都沒拿下來。這下他著急了。原來經常上師傅那兒去，後來去一次師傅批評一次，他也就懶得去了。如今眼看坐吃山空，只好又去找師傅，想讓師傅推薦個地方任職。

師傅早先給他介紹過工作，因他往往中途不辭而別而讓師傅吃過幾回癟子◎，所以這回師傅也不太熱心。不過給他點了一條道兒：「你不是練過食品雕刻嗎？」一語點醒夢中人，小賈心中豁然開朗。這些年常在家閒居待業，炒菜不成便找些蘿蔔、南瓜練「食雕」，什麼「龍鳳呈祥」、「鶴鹿同春」、「丹鳳朝陽」都刻得活靈活現的，還練了一手麵塑的絕活兒。本來是沒事兒解悶的，這回說不定能派上用場。

吃完飯，從師傅家出來，小賈立刻去了廚具商店，花幾百元買了一套刻刀。其中有一把竟然二百多，小賈咬了牙買了。「砍的沒有鏃的圓，手藝好不如傢伙全」。有了目標，小賈的勁頭也來了，沒半個月，手藝基本恢復。小賈還有點不自信，又練了半個月。師傅一看他真踏實下來了，就點了頭。找個機會，讓他帶上自己的作品，一同見了某餐館老闆。這家餐館在北京較有名氣，屬於商務飯莊，專接高檔商務宴。所謂高檔，除原材料貴重之外，觀賞性強是重要條件，一個「看臺」(只供觀賞的食品雕刻組合)就敢要個幾千元。小賈帶去的樣品正對路子，老闆很欣賞。然後假借說給他的廚師「做個示範」，讓小賈現場露一露。眾人心裡都明白是要「抻練抻練◎」他。小賈取出刻刀，那把亮閃閃的刀馬上吸引了眾人的眼光。他找來一塊南瓜，時間不長刻出一匹奔馬。又用帶來的熟麵捏了個麵人放到馬上。大夥兒一看，喲！這不是老闆嗎？行了！就憑這個，當場拍板錄用，「馬到成功」！接下來老闆又單獨談了薪資，還先付了半個月的訂金，把小賈美得嘴都合不上了。

◎癟子：意即挫折、難堪、尷尬。

◎抻練：刁難、測試之意。

就憑這把刀，小賈二次創業。因為知道安定環境來之不易，他很珍惜得到的一切，到廚具商店又買了一把刻刀。將原來那把刀用紅緞子盒裝好，供到床頭，提醒自己別忘記過去。如今小賈娶妻生子，生活幸福安定，在業界名氣不小，也算是一個「腕兒」了。

堂倌的真功夫──要想稱職不容易

「見什麼人說什麼話」是基本功／沒兩下子當不了「跑堂的」／江湖隱語及暗號大公開／冤家路窄的「跑單客」

在日常生活中，說某人「見什麼人說什麼話」含有貶義，而對於餐館服務員卻是基本功。有一段老相聲如今聽不著了，適當引用一段，參考看看：

話說某飯館內有位單人顧客，等菜不來有點煩。堂倌殷勤討好找話說。客人就跟他聊幾句：「你多大了？」「您看呢？」「不是十七，就是十八。」「您說對了。我又十七又十八。」「怎麼說？」「我周歲十七，虛歲十八。」顧客一聽挺高興：「嗯，會說話。」又問：「你老家是哪兒？」「您看呢？」「我聽你口音，不是通縣就是三河。」「您說對了。我又是通縣，又是三河。」「怎麼說呢？」「我在通縣出生，8歲搬家，搬到三河了。」

顧客又笑：「那你姓什麼呀？」心裡想，「姓」不能有兩個吧？「您看呢？」「這也讓我看？我看吶，你不姓張就姓王。」「您還真說對了。我又姓張，又姓王。」「胡說！有姓倆姓的嗎？」「是這麼回事：我原來姓張，八歲時候過繼給姓王的了。所以我又姓張又姓王。」笑聲裡，菜端上來了。顧客帶著剛才的愉悅心情吃完了這頓飯，小費給的比「大賬」(餐費)都多。

🔒 「見什麼人說什麼話」是基本功

　　姑且不論思想內容，能有這般機智幽默的服務員，如今是絕對找不到了。為讓客人高興，就得順著客人說，還得合情合理。前面幾句不難，問到「姓什麼」時，客人已明顯帶有調侃之意，堂倌不僅未反唇相譏，反而能作出「情理之中、意料之外」的回答，且透出幽默，最終達到讓客人高興的目的，真是難為他了。

　　如今的服務員，菜愛來不來，顧客愛煩不煩。若是催菜，隨口說一句「快了！」再問，便假裝說：「我看看去。」然後到後邊喝點水轉一轉，回來後一本正經地說：「正炒著呢，馬上就好。」顧客若問些她不想回答的問題就裝聽不見，或者乾脆一走了之，把顧客晾在那兒。這種事情還不好投訴，顧客只好自己摸摸鼻子。

　　其實稍大些的餐廳也對服務員進行職業培訓。比如說標準的「站姿」，講究「身體直立，收腹挺胸抬頭。雙目平視，面帶微笑。雙肩放鬆，雙臂自然下垂，雙手於腹部前交握，左手搭於右手的腕背部。雙腿自然並攏，兩腳跟距離10釐米，腳尖叉開60度。」按照這個標準，您到全北京市各餐館看看，能找出幾個來？

　　如果說這個有些刻板，那就來個簡單的。在「服務規範」中有「五聲」、「十一字」的要求。「五聲」是「顧客來有迎聲、走有送聲、問有答聲、給顧客造成不便有歉聲、顧客幫助自己有謝聲。」「十一字」是「請、您、您好、謝謝、對不起、再見。」別看簡單，真能做到這些，就是到了「君子國」了。能有一半好，就足夠讓顧客受寵若驚了。其實並沒多少顧客在這些方面計較，差不多就算了，也沒真拿自己當「上帝」。

　　反過來說，服務員能做到現在這個程度也不容易了。她們大多來自四川、安徽、河南及西北地區的農村，多少上過幾年學。在家時只會幹活、看孩子，從沒學過「站」，更別說什麼「五聲」、「十一字」。

　　普通話都說不好，「您」字發不準音，或「林」或「嫩」，當地沒這個

字。經過在飯館幾個月磨練，基本是那麼回事了，這就是個「奇蹟」。

讓服務員整天「板著勁◎」，誰也受不了。「老黃牛」也罷，「豬八戒」也罷，反正「不打勤、不打懶、專打不長眼」。大多數女服務員也沒想做多久，年齡稍大，家裡便訂婚。再過個一年半載的就回家完婚。拜拜！北京的一切只是一場回憶，與她再沒有任何關係了。這種心態下，她還能如何敬業呢？

🔒 沒兩下子當不了「跑堂的」

過去形容服務員有很多「專業詞彙」。文一點的，叫「堂倌」、「茶房」；俗稱就是「跑堂兒的」、「夥計」、「端盤子的」。業內則自嘲為「擦了擺」——把桌子上用過的餐具撤下來，把桌子擦乾淨再擺上新的。還有更難聽的：「摳碗腚的◎」——服務員上菜時要用手摳住碗足。

如今正規的稱呼是「服務員」。一度流行稱「小姐」，剛開始女服務員還很愛聽。後來「小姐」的稱呼被某些「髮廊」的從業人員搞臭了，餐館的女服務員便開始劃清界限，對「小姐」一詞有了抗拒感。你再叫「小姐」時，絕沒有叫「服務員」答應得快。

餐館的興旺與否和服務員關係重大。過去的老飯館，有經驗的「茶房」(服務員)都掌握著一批熟客名單。這些顧客往往是衝著該「茶房」來的。客人來過兩三次後再進門，大老遠的「茶房」便「張二爺」、「王五爺」地招呼上了，讓人備感有面子。把您和朋友帶到熟悉的座位後，明明剛擦乾淨的桌椅，當著您的面再擦一遍。然後是熱情地問候：「您幾位可老沒來了，剛才還念叨呢。府上都好啊？」聲調懇切，宛如老相識，絕無職業的油滑。

到點菜時，如果「茶房」想推銷高檔菜，會悄聲說：「不瞞您說，您點

◎板著勁：注意力緊繃之意。

◎碗腚：碗屁股，碗底的戲稱。

的黃花魚不太新鮮了，不敢給您上。今天新到的勝芳大螃蟹，真不賴。要不我挑幾個大的您換換口兒？」就這樣，魚改了螃蟹，客人還很滿意。推銷成功，「茶房」會高喊：「蒸六個螃蟹，團臍的，個兒大著點兒！」廚房裡馬上應聲「好嘞！」讓客人聽了高興。

其實這都是「作秀」，哄人的。螃蟹該多大個還多大個。要是真有特別熟識的客人，尤其是捨得給小費的，「茶房」另有「隱語」：「黃燜雞塊、軟炸里脊、糖醋丸子，郎當著──」待會兒菜上來時一看，個也大，量也足。敢情「玄機」就是那句「郎當著」。「郎當」是「多」的意思。當著別的客人不能公然喊「多給點」，否則人家不幹：「怎麼著，他那個多給，我這個肯定少了！」這不是自找麻煩嗎？說螃蟹個大點不要緊，如果有人挑理，他會說「個大個小價錢不一樣吶。」

🔒 江湖隱語及暗號大公開

「茶房」很會看人下菜碟，若看生顧客好對付，也許會明著說「快點」，然後帶一句，說「修(第二聲)著」。意思是「少點，簡化點」。這是江湖隱語。另如「快」叫「馬前」，「慢」是「馬後」，「米飯」叫「根」，「饅頭」叫「起子」，「一二三四五」為「日月南蘇中」，「六七八九十」為「龍興花禿彎」，一個完整的、份量足的菜稱為「一賣」，菜量不足則稱「不夠一賣」。店內彼此間用隱語，既方便工作，也給人一種江湖般的神秘感。連「解手」都另有說法，以免影響客人食慾(恕此處不引用)。

有時「茶房」正和顧客聊天，從廚房裡傳出有節奏的鍋勺敲擊聲。「茶房」馬上會說：「您的軟炸里脊得了，我給您端去。」客人奇怪：有好幾個「茶房」，那麼多菜，他怎麼就知道是我的「軟炸里脊」呀？這裡頭有「暗號」。原來不同的菜由不同的廚師做，每個廚師「敲勺」有自己的節奏和長短做「代號」以示區別。每個「茶房」也有自己的「代號」。如「噹噹噹噹──噹噹──噹──噹──」，前面六聲是廚師代號，稱為「帽兒」，後面

兩聲是「茶房」代號，叫「底」。有的還加幾聲「中段兒」，代表是什麼菜，一般須是走「大件兒」或「火候菜」才敲勺。勺不能亂敲，否則出了問題算廚師的。因此廚師也不許別人動他的炒勺。

當「茶房」的腦子都特別好，自己接待了幾桌客人，每桌客人都點了什麼菜，哪個是酒菜，哪個是飯菜，哪個先上，哪個後上，上了什麼，還差什麼，廚房裡哪個廚師炒哪幾道菜，隨著「敲勺」聲音，他能立即辨別出是不是自己的，是哪桌客人的什麼菜。

如果糊裡糊塗，另一桌的菜炒好了，聽不出來，自己還跟這桌聊天，菜還上不上？要是「拔絲」這類「火候菜」，差一分鐘就沒法吃，客人退菜算誰的責任？上上下下都得笑話「茶房」，他就算「栽」了。可是一聽見「敲勺」就急著往廚房跑也不行，端錯了菜更麻煩。江湖險惡，他不能不練出十二分的本領。「敲勺」過去是飯館的「一景」，現在聽不見了，就是敲，服務員也未必聽得出來記得住。

客人吃完飯算賬，此刻全憑「茶房」的「口攢賬」（又叫「口算賬」）：「二毛二、三毛六是五毛八，五毛八、四毛八是一塊零六分，一塊零六分再一個二毛，是一塊二毛六……」不論多少個菜、湯、主食都要一一報來，當場算清。除了口算能力強，還得記住客人都點過什麼菜。實在記不清了，可以根據盤子的形狀、大小，湯汁的顏色分辨一下。最怕的就是盤子裡什麼都沒剩，連汁都沒有，乾盤。到這時候就像演員在舞臺上「忘詞」一樣，可是嘴裡還不能停。這個滋味您能想像嗎？所以當一個「名堂（倌）」也不容易呀！

結完賬找回零錢，客人會根據自己的滿意程度留下一些錢當「小費」。「茶房」則大聲「鳴堂」：「某某桌惠過，賞小費多少多少。」此時全店上下齊聲說「謝——」「茶房」把客人送走，將「小費」放入賬房櫃檯旁邊的空心長竹筒子內。店裡每十天或半個月把竹筒倒過來，俗稱「吮當」，按全店每人（「掌櫃」除外）應得的「份兒」分「零錢」，相當於現在的獎金。

客人給「小費」的多少，很大程度取決於「茶房」的服務。所以「茶

房」工作中兢兢業業，唯恐出錯。一旦客人「投訴」，不但會受到「掌櫃」訓斥，在同仁中也挺「遭恨」的，是件丟人的事。

萬一得罪了重要客人，飯碗可能被敲掉，而且以後還不容易再找到好工作。每個老闆也都不願意用別人「開◎」過的人。

正因為這樣，飯館挑「跑堂」學徒很慎重。相貌端正、口齒清楚，腦子還要靈活，屬於俗話說的「機靈鬼兒、透亮碑兒、小精豆子、不吃虧兒」。經過幾年磨難，練就「算賬一口清，耳掃八面風、四六拿得穩、說話人愛聽」的絕活兒，即「腦子快、耳朵靈、懂規矩、會說話」的本領。

「茶房」的刻苦努力也不會白費。成了「名堂」之後，就是店裡的「臺柱子」，「四樑八柱」之一，也算個「腕兒」。除了能多分零錢，顧客有時享受了「郎當」，在「小費」之外單遞個「黑杵兒」，即把一些小費暗中單賞給他，「掌櫃」也裝看不見。因為他掌握著一批客人，弄不好「跳槽」把客人帶走。甚至還真有客人把「名堂」挖走另起爐灶的。國共易幟前，北京南城某著名大餐館就發生過這樣的事。

🔒 冤家路窄的「跑單客」

當服務員最丟臉的就是「跑座」，也叫「跑單」，意指客人吃完飯沒結賬就悄然離去。負責該桌的服務員不但要自己把錢賠上，還會成為笑柄。所以服務員對菜已基本上齊的桌子都格外留心，防止顧客借上洗手間、打手機、找人等方式溜走，但也有照顧不到的時候，「人有失手，馬有失蹄」。

話說文革前，北京某公園內著名餐館。春節時顧客盈門，服務員劉英秀看5個桌子。一個眼神不到，某桌客人「跑單」了。錢雖然不多，精神打擊不小。劉英秀平日聰明自信，機敏過人，從未出過這種事。此時小河溝裡翻

◎開：有開除的意思，也有被用過的意思。

船，令人驚訝。在以後相當長時間內，一開會，領導便會明裡暗裡提醒大家注意。劉英秀鬱悶不已，灰頭土臉地過日子。

哪知老天有眼，一年之後，那位跑單的顧客又光臨了，所坐桌子恰恰又在劉英秀的「轄區」內，真是「冤家路窄」。劉英秀憋了一年的冤氣，可稱「仇人相見，分外眼紅」。但只見她故意笑吟吟走上前來問好，待顧客點好菜，徐徐地輕聲說道：「您還用點別的嗎？」「不要了。」「那您先把去年的賬結了吧。」然後一邊盯著客人看，一邊把該客人去年幾月幾日晚上幾點一共幾個人穿什麼衣服坐在哪桌點的什麼菜一共多少錢，一口氣報了一遍。只見顧客臉色由白轉紅，由紅轉紫，看了看周圍環境，還好，除了服務員沒有其他客人注意。於是匆匆掏錢結賬，落荒而逃。

事情當下傳開，劉英秀意氣風發，宛如得勝還朝的大將軍。事後向經理匯報，要求「平反」。經理在會上表揚她，一對工作負責，二對客人以禮相待，得理饒人，三沒驚動其他客人，造成不良影響。下來之後劉英秀說：「得理饒人？我都恨不得給他一個巴掌！」不過說歸說，劉英秀還是表現出了不凡的腦力和修養，在服務員裡算是出色的。

擺脫打工仔的宿命——廚房底層人員奮鬥史

等級分明的「金字塔」／從「碎催」開始拼搏

在一個廚房裡，主廚及部門主管等「大老」畢竟是少數，絕大部分員工還是在「廚工」、「雜工」階層裡過日子。有心的人暗中使出渾身解數，希望著有一天能摸上「刀把子」或「勺把子」，從而改變自己的命運。

等級分明的「金字塔」

大餐館的廚房分工很嚴格，按工作性質不同，北方飯館分為「料青」

（擇菜、切菜）、「開生」（宰殺及漲發等初級加工）、「紅案」（切肉配菜）、「灶上」(炒菜)、「蒸鍋」(蒸菜)；主食麵點統稱為「白案」或「麵案」，涼菜、冷盤統稱「冷葷」。「灶上」依個人所據灶眼位置的不同，又分「頭灶」（又稱「頭火」，地位最高，常由主廚兼任）、「二灶」，直至「末灶」（湯灶）。另有「查頭」負責銜接「灶上」與「案子◎」和「傳菜部」之間的工作，安排炒菜順序、處理改菜、退菜等緊急狀況。除以上主要工種，還有一些烹調輔助工種及洗碗(刷碗)衛生的「雜工」也都歸入廚房。

不同菜系對工種的稱呼亦不同。如粵菜稱「灶上」為「炒鍋」，「頭灶」為「大廚」、「大佬」，即「大哥」之意，「開生」為「水台」，「紅案」為「砧板」。川菜則稱「灶上」為「火工」，「蒸鍋」為「籠鍋」，「紅案」為「墩子」。「紅案」一詞有時也作為後廚菜餚加工所有部門的總稱，與「白案」相對應。

為方便「灶上」師傅的工作，另有徒工「打下手」，粵菜館稱「打荷」或「荷台」。「頭荷」即為「查頭」，此人不是徒工，而是有一定經驗的廚師。在名稱叫法上，粵菜的劃分比較細，近年來有向其他菜系發展普及之勢。各部門的領班習慣上被稱為「老大」或「頭×」，如「頭灶」、「頭砧」、「頭荷」。

「頭灶」一般由主廚擔任，是廚房裡的「老大」，平時做的都是客人點的最高檔的菜，賺的工資也是全餐廳第一，可稱為「金字塔的頂端」，薪水相當於普通員工的幾倍，與「二灶」也有不小的差距。尤其粵菜大廚，一年買一輛中檔汽車沒問題。北京的有車一族中，身為「廚師」的大有人在，師兄弟間競相攀比亦屢見不鮮，以致某些餐廳要建「立體車庫」存放內部車輛。「頭砧」就差多了，還抵不上「二廚」。涼菜間「老大」，手裡若沒有什麼「絕活」，工資差不多相當於「二廚」。炒菜餐廳若有「烤鴨」，「老大」的工資也不低於3000元。

◎案子：廚房裡工作的分類，紅案是菜餚料理，白案是麵點、糕點類。

「白案」整體工資遜於「紅案」，既有歷史原因，也有「白案」(主食)所創的「人均利潤」要低於「紅案」(菜餚)的因素。

從「老大」算起，工資階次降低。最低的雜工，每月也就是五六百元，是金字塔的底層。

由於工資和地位的巨大差異，大廚成為全廚房的羨慕對象。當一名大廚也是所有廚師廚工的理想和追求目標。也正因為這樣，學炒菜的人數遠多於學「白案」和「冷葷」、「砧板」的。而急功近利、急於求成的學藝心態，也造成廚師技術的單一和整體素質的下降。這也是目前相當多的餐館菜餚品質不穩定，更難以提高的根本原因。

🔒 從「碎催」開始拼搏

北京話把被人支使的稱為「碎催」，好聽點叫「催巴兒」。又有沿用山東館子對學徒的稱呼叫「小力本」。進入餐飲業的第一步就是從「碎催」或「小力本」開始。

北京北海公園白塔旁邊有一組建築叫「攬翠軒」，國共易幟前夕那裡有一家私人飯館。當時共有四個徒弟，彼此間關係不錯，往往出了問題也互相照看。「掌櫃」暗中思忖對策。清晨，「掌櫃的」起來「遛早」，有意咳嗽一聲。在店內睡覺的四個徒弟，不管昨天晚上多晚才睡的，此刻也得趕緊爬起來，三下兩下將鋪蓋捲好，把鋪蓋下面當「床」用的桌子凳子排放好，然後跑出來幹活。「掌櫃」外號「小神仙」，頗攻心計。他有意只準備三把笤帚，讓四個人先掃地。結果很清楚，最後跑出來的那位肯定空手。

稍轉一圈，「小神仙」回來了，用眼一掃就知道誰勤快誰懶。當天沒搶著笤帚的，第二天麻利兒的起來搶把笤帚。別人也怕空手啊，就有半夜裡起來先把笤帚藏到鋪蓋底下的。於是展開一場「笤帚大戰」，進而互相攻訐，哥們之情蕩然無存。「小神仙」心中暗喜，自己活學活用「二桃殺三士」之計瓦解了徒弟聯盟。連著幾天掃不上地的，不挨打也得挨罵，心中不怨「掌

櫃」反而怨師兄弟。

　　話說20世紀90年代，北京北小街上有一家私營小飯館，一天來了個姓陸的小夥子求職。老闆問他會什麼，答曰除了種地別的都不會。當時店裡正缺個雜工，看他身體還結實，就留下了。主要洗碗，連帶掃地、擦桌子、倒垃圾、淘泔水、搬東西、擇菜、買煤、拉車，您還想起什麼活兒了，反正全是小陸的，因為沒別人。一幹兩年，他從沒叫過苦說過累。後來老闆賺了錢，生意擴大，又招來新雜工，小陸便專職刷碗，忙不過來時有別人幫助。不久，客人反映碗和盤子破邊缺口嚴重。老闆找到小陸，他一一承認。有幾次扣了錢，還有一次差點被開除，他都不辯解。甚至有人作證不是他，小陸仍說是自己不小心，只是懇求老闆。老闆留了心，便注意觀察，想抓個「現行犯」，不料時間一長卻發覺不對。原來小陸洗碗手很輕，不至於磕壞了，反倒是那些臨時幫忙的粗手笨腳，連磕帶打。如此一來，老闆便覺得委屈了小陸，又不便向他「平反」道歉，怕失了威嚴。於是便「破格提拔」，讓他去「砧板」切肉。小陸由此完成從「雜工」向「廚工」的第一步。

　　小陸寵辱不驚，繼續「夾著尾巴做人」，工作更加努力。而廚房一旦出現問題無人承認，便「自告奮勇」頂罪。老闆心裡明白，並不怪罪，認為他已經通過了「考驗」，反倒更信任他。一年後又讓他去「打荷台」，沒幾天當了「頭荷」。「頭荷」者，炒菜師傅的助手也，在廚房屬於「重點培養對象」，可稱「預備廚師」。到了這一步，便離「上灶」炒菜不遠了。

　　不久，餐廳翻建，廚房擴大。小陸順理成章地上了「炒鍋」。從此一做數年，直至當上了主廚。陸廚(業內對「主廚(廚師長)」俗稱，一如「張局」、「李處」都省略了「長」字)雖升了官，心裡卻明白這只是老闆的信任，自己的技術和管理能力仍難以服眾。此時的小陸，早已不是當年洗碗時的心態，有口飯吃便知足。他給自己寫下了「挑戰自我、超越自我」的座右銘，決心奮力拼搏一番。於是經老闆同意後自費學習「餐飲管理大專班」，向知識分子邁進。

　　天賜良機，餐館獲空前發展。陸廚不負苦功，內外雙修，「文能安邦、

武能定國」，自然是老闆的得力戰將。經濟上也早把「一窮二白」的帽子甩到太平洋去了。老婆孩子早已來京，不久也買了一輛二手車，卻在人前絕不提起，更從未開到餐廳去過。只是公休時開出去玩，享受成功者的喜悅。偶爾被人看見便說是借的，依舊低調。

作為「打工仔」，小陸算是達到頂峰了。再下一步便是自立門戶，看來也許是遲早的事。

鐵打的營盤、流水的兵——
生命在於運動、升值在於跳槽

「跑大棚」的廚師——行廚／長年招聘的背後／五花八門應聘種種

過去在廚行的隊伍中有三種人員，一種是在宅門大戶家裡做飯的「家廚」，另一種是在固定的飯莊飯館裡上班的「坐廚」，還有一種是「打一槍換一個地方」的「行廚」。

「跑大棚」的廚師——行廚

以前老北京的風俗，家中遇有婚喪嫁娶、做壽、滿月等禮儀活動，往往要在自己家的院裡搭「天棚」設宴招待親友來賓，稱為「辦事」。除「白(喪)事」搭「起脊」的尖頂大棚，各類「紅事」則無論規模大小，一律搭平頂大棚(在電影電視劇中經常可以見到搭錯了的)。搭了棚就要設宴，否則要被「隨份子◎」的親友嘲笑為「撒網」、「光收錢不辦事」。此處「辦事」即專指「設宴」，而不是辦其他的事。既然要設宴，就離不開廚子。於是就

◎隨份子：包紅包、禮金的意思。

有專門應付這種宴會的廚師——「行廚」，俗稱「跑大棚的」。

「跑大棚的」平日在一兩個相對固定的茶館等候上工資訊，這種茶館也被稱為「口子」或「攢兒」。江湖有江湖的規矩，雖說是流動打工，也不能到處亂竄，否則「老攢兒」找不到你，「新攢兒」又不接納就可能「瞎」了。「攢兒上」沒活兒，自己可以做些別的；一旦有活兒，即使與其他的活兒衝突了也必須服從「攢兒上」，這是信譽問題，否則江湖地位不保。

宅門所以在家裡「辦事」，一是顯示實力，二是圖方便。大宅門往往請大飯莊的名廚上門服務，稱為「外會」，氣派足、排場大，花費自然也不小。實力不濟的圖個價錢便宜，就請「承頭人」拉一個「草台班子」上陣，邀幾個「跑大棚的」出馬。「跑大棚的」按「口子」上約定的時間到達。在此之前，「棚鋪」已搭好天棚，「傢伙作(座)」已送來炊具、餐具，「承頭人」已砌好爐灶或推來用大汽油桶改裝的「行灶」。「跑大棚」的廚師只需帶一把自用的菜刀或炒勺即可，稱為「耍手藝」。他們照樣能把「八大碗」、「花九件」（均是以豬肉為主的「席菜」，最次的也得是「炒菜麵」）做得豐滿出色，既經濟又實惠，讓賓客滿意，「本家」高興。不過細論起來，「跑大棚」手藝畢竟粗糙，「蘿蔔快了不洗泥」，也做不了高檔菜，難登大雅之堂。所以在廚行中調侃某廚師手藝不精時，有句諺語：「跑大棚」出身。

那麼「跑大棚的」究竟又是何出身呢？一種是沒經過正式拜師學徒的「野廚子」，類似京劇的「票友」，沒有師傅引薦，很難到正規的飯館謀職。再有是外地走江湖耍手藝的流動廚師，尚未找到正式落腳之地，臨時混口飯吃。還有少部分人慘了點，是由於原飯館關門或種種原因被原工作單位辭退的。這種人下崗後很難再在固定單位重新上崗，因為哪個飯館也不願用被炒過魷魚的人。他們只好靠「跑大棚」為生，因為此處審核比較鬆散。

由於社會的需求，「跑大棚的」生意一直說得過去。直到國共易幟後不再有宅門在家「辦事」，「大棚」消失，他們才各自另謀生路。至於後來有結婚的在家辦兩桌，請個師傅炒菜，那已經與「跑大棚」的原始定義相去

甚遠了。

過去，另有「××堂」、「××館」等「正規」飯莊應邀到顧客家裡炒菜，稱為「出外會」或「應外會」。這些廚師不屬於「跑大棚」的「行廚」，而是固定上班的「坐廚」。

🔒 長年招聘的背後

事隔多年之後，「跑大棚的」又出現了，不過「大棚」不再是宅門，而是各個私營餐館。

漫步街頭，幾乎每家餐館門口都貼有招聘啟事，雜工、服務員、廚師。雜工的工作累、待遇低，大部分是沒什麼技術的中年人來應徵。也有的是剛從老家出來，一時間找不到工作，飯館包吃包住，想先做一陣子再說，以後再「騎驢找馬」。因此常有找到好地方走了或做不下去累跑了的。

服務員工作雖然簡單，對素質和經驗的要求卻不低，也難以招到合適的。有些形象、口齒都不錯，也有點文化，好容易培養了幾個月卻不辭而別了。其中有的被「茶藝館」挖走，有的做了業務員，也有的當了保姆，還有的「下海」當了「小姐」。也難怪，哪行都比服務員輕鬆，賺錢也比較多。相比之下，只有初級廚師或廚工有些過剩。

對於不少男青年來說，廚師不僅工資比服務員和保安員要高，而且好歹算一門手藝，不但年輕時能幹，將來歲數大了也照樣行，屬於既養小又養老的職業。不少人做了幾年之後，自己開了家小飯館，當起老闆，這更對他們有巨大的誘惑力。許多人就帶著美好的憧憬，開始了職場的最初奮鬥。對求職者來說，「應聘」是他們得到工作的機會。而對老闆來說，「招聘」則是他們管理餐館的手段。

一個中型餐廳後廚怎麼也要有三四十人，其中技術工種佔一大半。這些人每月的工資不在少數。除主要人員外，一般廚師流動性比較大，大部分是嫌工資低而走的。老闆不斷地招新人，實際上是做給「老人」看，「兩條腿

的人有的是」，誰想走誰走。藉以壓制員工加薪的要求，並保持足夠的人員儲備，以防廚師串通，搞突襲集體出走。因為現在勞動用工制度不健全，雙方都沒有足夠的制約手段。老闆採用「押金」的方式控制員工，員工則寄望老闆「講理」。一般情況下老闆要求員工提前一個月提出「離職申請」，但有時候員工找到了更好的地方，對方要求盡快上班，等不了一個月。此時就只好犧牲「押金」了。也有的小飯館因為老闆太惡劣，犯了眾怒，員工集體「炒老闆」，一天之內走個乾淨。

好事不出門，壞事傳千里。一個飯館出了這樣的事，其他飯館自然要引以為戒、未雨綢繆。聰明的老闆一方面籠絡人心，一方面流水般招聘，既可對現有員工形成壓力，又可以利用新人「摻沙子◎」，防止作亂。

另一方面，新員工應聘後有一段試用期，這段時間工資較低，甚至只包吃住沒有工資。試用一段，不行就讓他走，經濟上開支很少。打算留用的也利用「試工」殺一殺他的銳氣，盡量定一個較低的工資。而試工者好不容易找到個管吃住的地方，不用再寄住在老鄉家，也不願再辭工重新給老鄉添麻煩，所以工資即使少一點也忍了。心裡想，以後再找機會吧。於是又埋下「跳槽」的種子。

🔒 五花八門應聘種種

應聘人員很多是已經有工作的人，應聘原因或是對現有工作條件不滿意，或是希望透過「跳槽」提高身價，還有人是與原餐館人事關係處不好，想換一個環境的。

廚工小許，在原餐館從打雜起做了好幾年，後來自己下工夫，連學帶「偷」，能炒幾個菜了。但是按照現在的情況，他要想接班得排在四個人以後。現任幾個「炒鍋」師傅都是老闆的家人親戚，沒一個有要走的意思。更

◎摻沙子：比喻將不好的東西摻到好的裡面。這裡引用為稀釋小團體的意思。

別說前面還有三個人。他如果乾等，不知要到猴年馬月。覺得到新餐廳即使當時做不成「炒鍋」，起碼能看見希望。

山東濟南的齊玉明，原在一家魯菜館做「砧板」，即切菜、配菜。後來魯菜不時興了，老闆請了一些廣東人，改粵菜了，但是還保留了一些魯菜。於是小齊「一僕二主」，魯菜、粵菜兩頭忙。他認為「粵幫」有點排擠他，故意說廣東話。他聽不懂，出了好幾回錯。老闆給他一個月的時間……，想起來就淚水漣漣。

還有不少「另類」的應聘者：小趙，河北省承德某醫學院校畢業，因對所分配工作感到不滿意離職到北京。一日來到某餐廳應聘服務員。餐廳經理亦是文化人，看完簡歷，心中頗為不忍，婉言謝絕。見小趙情緒低落，便激勵他發揮特長，去找更適合的工作，「不能就此埋沒了自己。」同時把在中關村做醫療器械生意的朋友地址給他，讓他去聯繫。第三天，小趙來電話感謝經理，說已找到合適工作。之後小趙當了銷售主管，一請客戶吃飯就到該餐廳，藉以看望和感謝經理。

南京女孩張雨花，眉清目秀，高中畢業。應聘服務員，工作表現極佳。做過兩個月後卻突然辭職，原來她是來北京「旅遊」的，找個餐館打工，有吃有住有工錢，工休時去旅遊，挺合適！現在玩得差不多了，趁天氣熱，要去大連玩。經理一聽暈了！破例退了「押金」。

某年7月，天正熱。河南安陽青年張帆應聘，事前先打了電話，問：「河南人要嗎？」(想來因為籍貫的問題碰過幾個釘子了)經理說：「我就是河南人。」小張老實本分，因眼神不太好，被安排做「撤餐」，又叫「下欄筐」，即收拾餐桌。他工作認真，數學還挺好。曾與顧客探討過「高次方程」和「立體幾何」問題。對外賓的提問能用英語回答。於是經理量才錄用，讓他當「茶倌」，專門負責給客人的茶壺續水。過了一個月，「茶倌」請假，要回家「填志願」去。分數上線，考上大學了！一周後返回，戴著眼鏡，喜氣洋洋，一副「狀元郎」氣象。說起當時不敢戴眼鏡，是別人都不戴眼鏡，怕不被錄用。張郎考上邢臺某師範院校後，寒暑假仍來餐廳打工，

是一群青年的偶像。

　　小戴，天津人，二十七八歲，微胖，機智幽默。應聘服務員並言明願上夜班。平日幹活細膩，一有空閒便用小本抄寫。遇有經理主管開會常藉故逗留。當時眾人也不以為意，幾個月後拿來一個表格請經理填寫。一看，原來此公是旅遊學院的學生，在「餐飲等級服務員培訓班」上課，到這裡來是為了實習，並為了獲得「等級服務員實習鑑定」。現在期滿畢業，證照已成功考上，準備回天津自己家開家餐廳。哥哥學廚房管理，也快畢業了。經理問起為什麼到這個餐廳。答曰：「在報紙上見到這家餐廳有名，慕名而來，此番收穫不小」。經理倒吸一口涼氣：幸虧是天津的，不是本地的，要不然我整個培養了一個「間諜」！

給個知縣都不換的肥缺──餐館採購是大爺

採購是老闆的嫡系部隊／常在河邊走，難保不濕鞋／反貪監察機制

餐館裡的採購是個令人羨慕的工作。一般人以為是因為有受賄的機會，可以借機謀取私利，其實也不盡然。當上採購首先體現出老闆對他的信任，每天經手若干支票、現金，如果人不可靠，拿著錢來個「人間蒸發」，不論錢數多少，也是件大事，老闆面子沒處放，等於看錯人了，瞎眼。

　　而有了老闆的信任，採購的身價和說話聲響便和普通員工不同，等於具有了較高的「政治地位」，心理上也會高人一等。此外在勞動方面上，除了需要早起之外，比普通廚師輕鬆得多，東遊西轉，辦點私事也方便。還有一點，如果以前沒有駕駛執照，可以名正言順地利用工作時間學車。不論學費報銷與否，學了技術是自己的，以後也多一個選擇職業的機會。總而言之，當上採購好處多多，說句俗話，「給個知縣都不換」。

📍 採購是老闆的嫡系部隊

　　這些道理不光打工的懂，老闆更懂。所以老闆在選擇採購員時極費心思，常有老闆寧可自己起早「上市」進貨，也不用別人。不是捨不得花錢雇人，而是沒有「合格」的，對誰都不放心，連對自己的親戚都一樣，生怕採購坑了他。餐飲業流傳一句話，「廚師好招，採購難找」，說的就是這個。

　　除了「政治上可靠」，當採購還須「德才兼備」，業務上也應當懂行，才不至於被供貨商矇了。餐飲業雖說不像古玩字畫玉器行「水」那麼深，但是裡面的門道也不少，以次充好、以假亂真的「貓膩」也很普遍。比如魚翅，假的比真的都像真的；海參、魷魚等水發海味用工業燒鹼和「福馬林」處理；胡椒粉裡摻玉米麵粉；辣椒粉摻假後用紅色顏料調色……，這些都是奸商的拿手戲。所以有時餐館只好買來整個的胡椒、辣椒，找人在店內現場加工。因此採購這個工作還需有一定的經驗才行，並不僅僅有老闆的信任就能做好。老闆當然也很慎重，不會輕易讓一個「棒槌」（指外行）幹事關重大的工作。但如果需要從「德」和「才」裡挑一個的話，大多數老闆會毫不猶豫地選擇「德」：「得讓我放心吶！」

📍 常在河邊走，難保不濕鞋

　　說是「放心」，但並沒有「放手」，老闆會採用各種方法防範。首先是「個別談話，封官許願，加薪養廉」，即「動之以情，誘之以利」，防患於未然。常常是經過長時間觀察後，把有一定經驗的廚師找來表示委以採購重任，同時畫一個「大餅」，讓廚師感到美好的未來即將提前實現，最後還會適當增加些補貼。大多數廚師都是老實人，對老闆的信任都很感動，除了當場表明心志，日後一段時間採購工作也做得很好。老闆也會根據情況發個「紅包」什麼的，以茲獎勵。

　　說採購「日後一段時間」做得好，是因為長期堅持下來有一定難度。俗話說「常在河邊走，哪能不濕鞋」。採購員每天購買大量原料輔料，基本上都是現金交易。剛開始不太懂，往往是小心翼翼。時間一長，耳濡目染，其

中的「訣竅」瞭解到不少。而與供貨商結算都是「良心賬」，收的款與開的發票不一定相同，於是就留出了一定空間。再加上採購員每天手裡大把地過現金，心裡產生點想法也不奇怪。有吃有喝時還好辦，一旦遇上大人孩子有病或蓋房、娶親這些事，對他們的心理還真是個衝擊。不過老闆體察民情，一般會給予幫助。

廚師小宗，有把子力氣，勤懇耐勞。18歲到餐館打工，從當雜工洗碗做起，六七年間混到炒鍋，很受老闆賞識。後來逐步過渡到採購。所謂「逐步」，便是通過了老闆一次又一次的反覆觀察考驗。在「扶正」之前，小宗請假回老家娶媳婦，並想預支些工資。

老闆一看時機到了，便從飯館裝上整箱白酒、雞鴨魚肉、鍋碗瓢盆，親自開著麵包車，不遠千里去小宗家。小宗家鄉貧困，家境也很寒酸，本想湊合著把媳婦「矇到手」，不料一頓婚宴把村裡村外都「鎮」了，以為小宗在北京發了大財，宗家面子大了！連當初談親未成的人家都後悔了。新婚之夜，小宗感激涕零，和媳婦一起給老闆磕頭，只當成是自家親爹。老闆掏出「紅包」，小宗死活不要，最後老闆回北京之前，把「紅包」留在洞房裡。

新郎官回北京上班後榮任正採購，工資漲了一大截，正所謂「又娶媳婦又過年」，自此死心塌地輔佐老闆，不在話下。

要說老闆為什麼捨的花這麼大財，其中有個「天知地知，你知我知」的秘密。當初老闆明著讓小宗跟老採購學習，打下手，暗中還交代有監視的任務。後來不知舉報了什麼，是貪汙還是受賄，反正最終老採購以養病為名離店，小宗取而代之。那次婚宴，自然就是老闆答謝並收服小宗的表示。

並不是說當採購必然有經濟問題，而是很難讓老闆不懷疑，因為對供貨商的招術，他比誰都清楚。以次充好、短斤缺兩、多開貨款、多退包裝等，此處也不能一一盡數，以免有「教唆」之嫌。所以採購員做過一段時間必定會換人，不管你是否清白，很像是司法上的「有罪推定」。

說起來也難怪老闆不放心，實在是「見錢眼花」的事情太多了。還是

這家飯館，曾有個看起來非常老實的收款員小劉把當天流水(營樣額)席捲一空。誰都知道，收銀員絕非隨便就可以做上的，也得「過五關斬六將」，通過一系列考驗才行。沒想到小收銀員居然做出此事，錢雖不多，只三千多元，但此風不可長。如果這次她能得手，以後還不知會發生什麼事，這飯館就別開了，賺的錢還不夠夥計偷的。

老闆知道小劉年紀小，在北京也沒什麼熟人，一定是回老家了。於是讓店內先別聲張，然後帶上兩個人坐飛機直奔西南某地小劉的老家問罪。劉家嚇得不輕，連連求饒，千萬別報官，保證讓女兒把錢交出來。

再說小劉，看著老實，其實也挺賊，下了火車沒敢直接回家，而是去了已出嫁的姐姐家打探消息。豈料姐姐已從娘家知道此事，便力勸小劉向老闆自首，爭取從寬處理。因為老闆已經放出話來，準備報案。農村人極注重臉面，倘若公安過問此事，全家人祖孫三代都會讓人看不起。小劉一聽老闆正在家中守株待兔，當時就傻了，死活不敢見面。最後交出餘款，並寫了一份悔過書，讓姐夫把錢湊齊，一起交給了老闆。老闆路費花了不少，餘怒未消，但心知在人家地面上，也別結仇，見好就收吧。

回到北京，拿出悔過書，讓會計組織收銀員、出納、採購，所有沾錢的人學習了三天，「敲山震虎」。把收銀員的公休也去掉了，讓她們沒時間出去聯繫老鄉，防止內外勾結轉移贓款。宿舍的清潔員又多了一項給收銀員「收拾床鋪」的任務，並隨時報告老闆。

不久，發現某收銀員枕頭下壓著50元。當時店內並沒發獎金，錢從哪兒來的不言而喻。老闆不露聲色，沒動她。一則另換別人也難保乾淨，說不定拿得更多。二則她瞭解一些不能公開的事，投鼠忌器。最終過了幾個月，安排她做了別的。收銀員心裡明白，便以結婚為由辭了職。

🔒 反貪監察機制

採購員每天外出，老闆一個人看也看不過來，於是便琢磨出一套辦法，頗有「反貪監察機制」的場面。

　　第一條是「嚴格審查」，第二條是「思想教育」，第三條是「高薪養廉」。這些都沒什麼特別的。再看下一條「行賄反坐」。

　　就是把供貨商掛上鈎，一旦發現有向採購員或店內其他人行賄的，不用說現金，哪怕是一條菸、一瓶酒，只要抓住就別想結貨款，也不說不給，先壓你個三年五載的。你想要就去法院起訴。這條挺管用的，真有供貨商為此結不了賬的。

　　這幾條算是「防治法」，顯得有點被動。於是又設立「詢價員」。就是找幾個表現不錯、準備培養當採購員的，先當「詢價員」。每天的工作就是到各個批發市場詢問價格，然後整理出來與採購員的實際價格比較。後來市面上有了電話詢價機構，每年交幾千元錢，便可以隨時在電話或傳真中詢問不同市場的價格。詢價機構生意出人意料的好，看來有相當多的餐館對自己的採購員不放心。除了詢價，這些人還在採購員、廚師、倉庫保管員三方驗貨時進行監督，防止串通作弊。詢價員都很起勁，恨不得自己馬上轉成採購。當然，前提條件是前任採購「中箭落馬」。

　　採購員前有阻擋、後有追兵、兩翼虎視眈眈，隨時準備被人取而代之。您覺得還有人願意做嗎？告訴您：大有人在！

　　總的來說，這些互相牽制、綜合治理的措施效果確實不錯。就是相關人員團結和諧的氛圍差了些，老有點互相監視的感覺。即便如此，老闆仍然不放心，常搞些「火力偵察」之類的名堂。

　　上文提的小宗，做了幾年採購，也是在刀尖上舞蹈。雖說兢兢業業，終究難免被人暗算。先是有廚師反映白條雞的質量不如以前好，後來又有會計反映發票開的有問題。「懷疑是老闆的天性」，時間一長，老闆也動搖了。

　　於是有一天，一個供酒商神神秘秘地找到小宗，說是到年底了，公司有獎勵旅遊。新馬泰七日遊，要是花錢得5千多，看在小宗對自己的情分上給他申請了一個名額，別讓老闆知道。小宗心裡一動心，以前倒是念叨過什麼時候能出國看看去，家裡全村還沒有一個人出過國呢。「可是工作離不開

128

呀。」話剛一說出來，酒商馬上說：「讓你太太去吧，她不是在家嗎？明天把照片和身份證交給我就行。」小宗說道：「她哪行？一個『柴火妞◎』。」說罷小宗心底猛然一動：不對呀，這麼好的事怎麼找上我了？心裡有了戒備，話就不一樣了，勉強應付了幾句便走。酒商不甘心，還直讓他把太太的身份證帶來。

為了確認酒商目的，第二天，小宗倒是把身份證拿來了，可酒商沒露面。酒商露不露面不要緊，他覺得老闆看他的眼神有點反常。心裡機靈一動，頓時明白了，這是老闆的「火力偵察」呀！趕緊找個機會假裝輕描淡寫地說起此事。晚了！老闆連眼皮都沒抬。不久，小宗便被老闆藉故辭退。

保安，你別站錯了崗──餐廳的門面

莫把保安當成保鏢／劍拔弩張爭搶地盤／監守自盜遠走高飛

過去飯館裡基本分為「前堂」「後灶」和「櫃檯」三大塊，並無「保安」一說。大一些的莊館，「飯口」時間，門口有個「高」的迎送顧客。過了「飯口」，則由前堂的小徒弟一邊擇燕菜(挑出燕窩裡的細羽毛)或是剝蓮子，一邊注意門口的情況，有了問題及時通報。

現在不同了，一是顧客多，二是開車來的多，三是社會情況複雜，小徒弟應付不了，於是北京的餐館也興起「保安」一職。

🔒 莫把保安當成保鏢

小林這幾天特別高興，他的飯館開張了。雖說飯館不大，他卻找了兩

◎柴火妞：指土裏土氣、皮膚粗糙，撿柴火的農村姑娘。

個保安，這裡面有他十多年前的「保安情結」。那年工體附近一家大酒店招聘，當時飯店業尚屬高薪行業，應聘者人山人海。招聘單位的條件亦水漲船高，保安從「高中」變成「大專以上優先」，身高由一米七五變成不低於一米七八。小林排了一個多鐘頭的隊，不到兩秒鐘就被一個蔑視的眼神「斃」了。他心裡叫鬱悶，恨不得一把火把那個白色的大樓點著。

山不轉水轉。沒想到十幾年過去，他從賣羊肉串起家，最後在那個大樓附近開了個飯館，算是報了「一箭之仇」。

他招的保安身高一米八，穿上制服，戴上大殼帽，很是威武。小林只要在店內外一走動，兩個保安就一邊一個護衛著，一口一個「林總」叫著，顯得極有面子。小林心裡美！差點兒忘了自己貴姓。然而面子倒是有了，可「票子」慘點兒。只要「林總」帶著保安一轉悠，就不見顧客上門，頂多是對門髮廊的幾個按摩女對保安暗送秋波。保安目不斜視，只敢抽空擠個眼兒。林總納悶，客人怎麼不來呀？

直到發生了這樣一件事，才讓林總的心氣兒一落千丈。有一天晚上，因為一點兒什麼事，顧客不買單，要求打折。服務員做不了主，請示老闆。林總從外面趕來，兩名保安隨侍左右，一臉肅殺。顧客見狀大怒：「保安來管什麼呀？你直接打110得了！是做買賣還是打架呀！」沒等林總說話，顧客先報了警。不一會兒派出所來人了，雖說不直接介入經濟糾紛，暗中還是勸小林息事寧人。結果可想而知。

趙總也遇到過類似的事。他的飯館大，保安就有十幾個。有一段時間，保安問題不斷：與顧客爭吵的，停車時亂指揮發生摩擦的，在附近小酒館喝多了砸人玻璃的，與廚師打架動刀的，弄得趙老闆成天頭疼。開除過好幾個，還招了個退役武警當保安主管，沒用！本想教他們習武，沒想到拳腳俐落了，更愛鬧事。

老趙有個朋友，過去也是開飯館的，賺的錢差不多了，就把買賣轉了手，不再受累。閒聊中知道了這種情況，就幫老趙出了幾個主意。第一招，借著「聖誕節」，先把保安制服換成大袍，每人戴一頂聖誕帽，晚上帶小閃

燈的，模樣十分搞笑，你就是想橫也橫不起來。第二招，從服務主管裡找個脾氣好的，協助保安主管工作。第三招，受到顧客表揚的保安除了由服務主管發獎金外還照相上榜，以示榮耀。另外，打架鬥毆立即開除，受到顧客投訴酌情處罰。

幾招實行後，雖說不是立竿見影，局面也改觀不少。聖誕節和新年安然度過。節後調虎離山，安排原保安主管學開車，由服務主管接任。考慮到社會上保安的名聲不太好，就把保安部改名「學雷鋒大隊」，每人發一個印有雷鋒頭像的「號坎兒◎」，隔三差五地就上附近居民家做好事。工服換成西裝領帶。又新招一批身高不超過一米七五的小夥子，以安徽、蘇北人為主，性格溫和，能吃苦，剛來北京不久，膽兒還不大。於是局面基本穩定下來。

🔒 劍拔弩張爭搶地盤

在餐館裡，保安是最難帶的隊伍。都是20歲上下的小夥子，血氣方剛，有的還練過幾下拳腳，三句話不和就想「耍胳膊根兒」。這麼多人白天黑夜在一起，「雞毛多了湊撣(膽)子」，難免惹出點是非。

廚房雖說也是小夥子成堆的地方，畢竟還有幾個老師傅現場坐鎮，小徒弟根本沒有說話的份兒，又有個學技術的念頭，再說不與顧客直接接觸，總之，不會出大亂子。保安則是個熟練工種，沒什麼技術，幾乎人人能做，待遇又低，還沒有什麼光輝前程，所以不僅流動性大，保安個人素質也良莠不齊。「大不了不幹了」是保安的口頭禪。

很多餐館老闆用保安為的就是「看家護院」，一般在平日裡也不加管束，甚至有「養兵千日，用在一時」的想法。其實他不明白，真到出事的時候，還得靠民警，保安只能添亂。

◎號坎兒：制服的意思。

保安的日常重要工作是引領停車，許多矛盾也就此發生。北京東三環某地，相鄰兩家大餐館，一個是粵菜某酒家，另一個是川菜某酒樓。本來各做各的生意，相安無事。後來川菜酒樓漸火，門前的車位可就不夠用了，常有在川菜館吃飯但把車停在粵菜館門前的，粵菜老闆難免心中不快。沒有別的招可想，就告訴夥計，凡不在本餐館吃飯的，一律不許在門口停車。這樣一來，上川菜館的顧客一看停不了車，打一把輪就上別處了。

在保安眼裡，顧客走了更好。而在川菜館老闆看來，顧客就是錢呀！一個人消費60元，4個人就是240，除去成本，至少淨賺100元。這些銀子竟然眼睜睜地看著就飛了，川菜老闆心有不甘，於是就讓保安想辦法。保安頭目先是請粵菜保安頭目喝酒，讓他同意讓點車位，並說明到時候不白幹，給保安弟兄都分點錢。粵菜館保安喝了人家的嘴軟，趁著酒勁就答應了。川菜保安忙去向老闆報功。誰知高興了沒有三天半，粵菜館那邊的保安因為分配不均起了內訌，有人就向老闆舉報了。粵菜老闆觀察了一晚上，還真是那麼回事，於是就把保安頭目調到另一個分店，準備過幾天找點別的事把他開除了。工作先由舉報的那小子代理。

再說川菜館這邊保安眼看此路不通，也只好讓顧客把車停在附近馬路邊上。一天兩天沒事，第三天晚上人正多的時候，來了一輛交警的摩托，二話不說，抄牌貼條。眾司機見狀驚走，沒貼上的算是僥倖，被貼的七八輛車不幹了。川菜老闆只好派人「鏟單」。說是「鏟單」，其實就是交罰款。事後一算賬，虧大了。除了經濟損失，影響名聲也不好。

新官上任三把火，粵菜館那小子自從代理了保安頭目以後，凡是在川菜館吃飯而把車停在粵菜館門前、勸阻又不聽的，他就用細錐子扎人家車胎側壁，全然不顧車毀人亡的危險。顧客吃完飯取車，當時發現不了，第二天一早，車胎必癟。顧客一琢磨，當然明白怎麼回事。然而無憑無據，即使找到粵菜館，那小子也不認賬，還幸災樂禍。顧客只能把氣撒到川菜館頭上。川菜館老闆忍辱負重，又賠不是又賠補胎錢，心中便有了要收拾粵菜館的打算。及至「貼條」一事發生後，粵菜館那小子得意忘形，對手下人說，是自己給122打的電話，說是「影響交通」。

　　沒有不透風的牆，當天這話就傳到川菜館去了。川菜館老闆聽到後，咬了咬後槽牙，鼻子裡哼了一聲，從櫃裏拿出一疊錢交給了自己的保安頭目，讓他去看著辦。

　　過了沒幾天，粵菜館的那小子在大街上被人暴打一頓，說他剛花280元買的那輛嶄新的高檔山地車是偷的。到了派出所，對方拿出發票，還指明在車把套裡有一個紙條，寫有某某名字。打開一看，果真如此，他不禁連聲叫苦。再聯繫賣車的老鄉，已是杳如黃鶴，方知被人下了「套」。此事弄得他灰頭土臉、人財兩空。一頓打是白挨了，280塊錢也白扔，最後雖然按治安案件處理，也算有劣跡呀。在粵菜館待不下去了，只好不辭而別。

　　粵菜館的保安後來打聽到真相，群情激憤，兩邊的仇越結越深。直到最終有一天，因為停車問題演變成了雙方保安的一場惡戰。

🔒 監守自盜遠走高飛

　　俗話說「靠山吃山，靠水吃水」。保安成天接觸汽車，便打起汽車的主意。北京東城區某餐館，店前面有一片空地，每天晚餐時刻總是停滿大小車輛，一直要熱鬧到半夜。

　　保安員小閻，個子不高，人小鬼大。每當顧客停好車走後幾分鐘，他都要過來用手拉一拉車門。遇有未鎖門的，如果領位員不知道該顧客坐在哪桌，他便手舉寫有該車車號的小紙板找到顧客，提醒其返回鎖車，為此甚得顧客感激。老闆也把他當成可用之材，提拔他當了安全監督員，除了晚間看車，白天的工作便是在全店內外挑毛病找問題。

　　說來也怪，從打這個安全員一上任，反倒不安全了。宿舍裡經常丟錢，多者百十塊錢，少者二三十塊。丟錢有一個共同特點，錢包不丟，錢也不全丟，只是少了一部分。一陣疑神疑鬼過後，情況便上報保安部，保安部經理會同安全員小閻一同來「破案」，最後也往往是不了了之，弄得員工意見極大。有的提出要報派出所，也硬生生被壓了下來，畢竟不是什麼光彩事。農

村的孩子膽小，也就乾吃了啞巴虧。

沒想到停車場那邊也連著出事，不斷有顧客反映放在車內的部分財物被竊，香菸、錢、甚至手機。為此開除過幾個有嫌疑的，但盜竊案件仍時有發生。直到有一天，有個開奧迪A6的說放在後車廂裡的密碼箱丟了。司機說箱子放在車廂裡怕不安全，就打開後車廂放進去了。門肯定鎖了，不過後車廂關好門沒有就說不準了，當時還有個保安在旁邊。

事情太大，老闆親自出馬了。先帶著司機全店內外轉，尋找那個保安。轉了幾圈，司機一努嘴：「就是他！」一看，小閻。再一問，小閻矢口否認，說自己就沒到前邊去(真乃欲蓋彌彰，不打自招)。老闆將信將疑，對保安部經理耳語幾句，便陪司機去了自己辦公室，明確表示過一會兒帶司機去派出所報案(實為先穩住顧客)。

再說保安部經理得了老闆密令返回停車場，一個人專在草叢、樹根、磚堆處尋找。還別說，真找著了，鎖還沒撬。保安經理心頭一陣狂喜，急忙返回辦公室。此刻客人正打電話報案，保安經理見狀便說「給您找著了，是在門外垃圾箱裡找到的，您檢查一下，丟什麼沒有？」打開仔細察看，萬幸，什麼都沒丟(當然沒丟，箱子還沒機會撬開)。

顧客一走，老闆當時變臉，找人叫來小閻。當他的面從抽屜裡取出強光手電筒，一按開關，劈哩啪啦打火，警棍一樣。小閻見狀，嚇得跪下了，連聲告饒。他不是怕警棍，是怕送派出所。於是主動交待作案經過，說是顧客走後他一拉後車廂門，沒鎖上。過了一會兒乘人不備就把箱子偷出來，藏到附近暗處的草叢裡，打算尋機會再轉移，要是錢多，自己就拿錢離開北京，沒想到……

這事曝光之後，老闆趁熱打鐵，又追問其他事。結果連單位帶個人又「交待」了十多件。老闆不敢再問了，自己用人失察呀！看著小閻，小閻明白，就說再也沒有了。老闆說：「你打算怎麼辦？」小閻說：「我走！一了百了。」老闆也是江湖中人，料定小閻是個「老泡」(慣犯)，生怕自己「沾

包◎」，便說了一句：「先吃飯去吧。」暗中放他一條生路。

　　小閻還顧得上吃飯？一出門就一溜煙地跑了，連頭都沒回，惟恐老闆改變主意。

　　又過了幾個月，有外地公安局的民警來外調，才知道小閻又因為「販黃」被拘。經查，原先在老家就有案底。

愛恨情仇萬花筒——打工妹的情感世界

情人節的玫瑰／捆綁不成夫妻／嫁根扁擔抱著走

北京各餐館的女服務員大多來自安徽、四川、河南等省相對貧困的農村地區。她們十七八歲便到北京打工。有些人甚至更小，借了別人的身份證跑出來的。剛來時環境生疏，謹小慎微，一旦工作穩定，熟悉了環境，青春期的少女本色就會很自然地流露出來。

🔒 情人節的玫瑰

　　餐館是服務行業，社會地位偏低；服務員又是餐館中的底層。這種角色定位使她們只能服從和忍受，默默地工作與生活。她們難得的心理放鬆，時常是在公休時的老鄉聚會上。下班後的娛樂往往只是用手機彼此間傳遞「短信」（簡訊）。很多女服務員，積攢一筆錢之後，不買吃、不買穿，而是買一部價格與她們收入相差懸殊的手機。也許您不理解，甚至認為她們好虛榮、追時髦。其實不然，打個比方，有些城市人經濟條件並不好，卻仍然要養條狗。

◎沾包：受牽連或被拖累之意。

他養狗也許是內心孤寂又無處宣洩。狗是他的寵物，情感的寄託。餐館服務員無法養狗，手機便是她們的「寵物」，情感的寄託。服務員雖來自農村，但是大多有一定文化，對現代生活也並非一無所知。城市的薰陶、每日裡男女顧客的「言傳身教」，更使她們的情感世界日益豐富起來。她們便在模仿和憧憬中，追求著自己嚮往的夢。

服務員孟麗，安徽人，隨姐姐到京在餐館打工三年，說得一口流利普通話(偶爾一激動，「拿」、「拉」不分)。孟麗外表平常，屬於常說的「撒到人堆裡就找不著」的那種人。平日極為低調，生活也很簡樸。然而近來一到公休日便要外出，時不常晚上下班後還出去，誰也不知道去哪兒。回宿舍也很晚，偶爾身上還有香味。

可疑！同宿舍的洗碗大姐神目如電，自願充當「業餘福爾摩斯」。雖經屢敗屢戰，終未參透玄機，心有不甘之餘，便報告了老闆。老闆五十多歲，有兒有女，是過來人，對此事頗為重視。一是怕孟麗學了壞，再是怕她花費過大，本人工資頂不住，也許會打店裡或是顧客的主意，歷史的經驗值得注意(所有老闆都不願意自己的夥計太注重打扮或過於鋪張，怕他們沒錢了會「經濟犯罪」，兔子先吃窩邊草)。

老闆沒動聲色，派人暗地裡盯住小孟，還找人查過她的手機，防其內外勾結。過了一段時間，「神探」回來報功：「秘密讓我探出來了！」其實倒也沒別的，就是交了一個男朋友，是另外一個餐館的廚師，聽說姓何，老鄉。

沒有不透風的牆，小孟也覺察到了。過了幾天，2月14日，情人節。天雖冷，顧客還挺多的，半夜12點才打烊。從10點多鐘的時候，就有一個小夥子手捧一大束紅玫瑰在餐廳門外徘徊。當時誰也沒在意，事後有人說小孟有點魂不守舍，老看那個人。

待到一宣佈下班吃飯，只見孟麗脫下工服上衣，推開大門，直奔小夥子而去。小夥子也不含糊，用一個影視中常見的標準動作，獻上手中的玫瑰。

說了一句什麼，英文，好像是8個字母的那句名言。沒聽清楚，反正不是"I am sorry！"

所有的人都看傻了，包括老闆。那束花據說是99朵，按當天的價錢要上千元！「你拉(拿)這麼多花幹什麼呀？」小麗眼中含淚，口中嬌嗔，心中卻無限幸福、無比自豪！

🔒 捆綁不成夫妻

在餐館工作的女工裡，有不少是「逃婚」出來的。有的是典型包辦婚姻，本人不同意；有的已經結了婚、甚至有了小孩，也因感情基礎差或是丈夫喝酒賭博不成器，一跺腳離家出走了。這些人心理壓抑，心理壓力重，在人前從來不提裡的事。也沒有人關心她們，彷彿出外打工，賺錢才是唯一實在的。感情那玩意兒虛無縹緲，是電視裡的遊戲，離莊稼人太遠。

時間一長，她們也就認命了。「抗婚」的經不住父母軟硬兼施，「一哭二鬧三上吊」，只好回老家委委屈屈成了親，老老實實過日子。「出走」的撇不下孩子，電話裡走漏了風聲，被丈夫尋上門來「押解回境」，以後還能不能再出來就不一定了。

也有女權意識強的。吳川華，重慶人，吃苦耐勞又很有主見。婚後數年，丈夫好吃懶做，不思進取，整日和一群酒肉朋友鬼混。小吳從娘家借錢給他做小生意，他居然拿去賭博輸個精光。出去幹瓦匠活，錢沒賺來倒是欠了一屁股賭債，債主成天堵住門要錢，嚇得他不敢回家。小吳見丈夫實在是爛泥扶不上牆，還弄得自己抬不起頭來，便下了狠心，把剛上學的娃兒往婆婆家一丟。娘家那頭則連招呼都沒打——沒臉。一張火車票就到了北京。

以小吳的聰明和高中文化程度，做個服務員本當沒什麼問題，只是個頭偏矮，年齡也稍大些。剛下火車時，因急於找個解決食宿的地方，便到車站旁一家小飯館去幹洗碗工。待穩定下來，再騎馬找馬。其後換過幾家，也做過服務員、保姆，都不滿意，最後到一家大餐館當了清潔人員。她覺得這

個工作最合適，既不像洗碗那麼累，又不像服務員和保姆老挨罵，雖說髒了點，可總比在老家「起豬圈◎」強多了。

　　知足者常樂。小吳一做便是兩年(這在餐館業裡已算是「超期服役」)。雖說是有吃有喝有住，然而閒來思量起自家身世，小吳也不免有些嗟嘆哀傷。真是「男怕投錯行，女怕嫁錯郎」！稍後從老鄉處得知丈夫有了外遇，更是怒火中燒：你不仁休怪我不義！

　　這個念頭一起，便有如春江蕩漾。沒幾天，就賭氣與一個先前糾纏過她的本店廣東廚師「傍」在一起。那位老廣或許只是寂寞難耐，逢場作戲；小吳卻是火山噴發，動了真情。一個多月之後，千不該，萬不該，在老廣生日那天，小吳寫了一封激昂的「情書」：「生是你的人，死是你家鬼。」

　　「群眾的眼睛是雪亮的」，何況小吳根本不想掩飾，一時間滿城風雨。如此一來便犯了餐館的忌諱，若兩人中只有一個在本餐館，老闆尚可睜隻眼閉隻眼。如今分明是「叫板」，老闆豈能裝聾作啞，聽之任之？按一般常規，肯定是小吳被「炒」。大廚和清潔工，份量相差懸殊。然而這不是兩個人打架，「有他就沒我」；而是兒女私情，「沒她也沒我」，「月亮走我也走」。因為不知道老廣的心思，老闆犯了難。他有個座右銘：「不能幹那種從暖壺上拽耗子的事」，因小失大(意即投鼠忌器)。

　　再說廣東大廚，接到海誓山盟的情書後，開始喜不自禁，繼而憂心忡忡，最後不寒而慄，知道自己玩過頭。然而請神容易送神難，小吳比「虎妞◎」多上過十幾年學吶，堪稱「虎姥姥◎」。「祥子◎」一般的老廣豈

◎起豬圈：原指建豬寮，這裡引申為做的事與髒、臭分不開。

◎虎妞：出自老舍〈駱駝祥子〉一書。潑辣而有心計的中年婦女。

◎虎姥姥：虎妞混成了虎姥姥，意指老江湖。

◎祥子：出自老舍〈駱駝祥子〉一書。引用其自尊好強，吃苦耐勞，憑自己的力氣掙飯吃的形象。

是對手？不過虎姥姥，張弛有度，也不想把弦兒繃折了，便由老廣出錢在外面租了間房，兩人的活動轉入地下。

老闆暫時鬆了口氣。老廣不成啊，老鄉說他自輕自賤倒也罷了，整天在虎口裡過日子，滋味不好受：小舅子就在北京打工，萬一穿了幫，非得弄得灰頭土臉不可。這心理壓力受不了，一來二去，便有了「虎口脫險」的想法。此後，再看小吳的時候，眼神就不一樣了。

小吳何等精明，端端不動聲色，仍是柔情似水，「濤聲依舊」。如此過了月餘，便對大廚說自己懷孕了。大廚暈了！可任你千言萬語，小吳自有一定之規，最後掏出一包「耗子藥(老鼠藥)」。大廚無奈，只好找老闆，名為坦白，實為求計。

「是福不是禍，是禍躲不過。」反覆說了這麼兩句，老闆也沒詞兒了。不是真沒詞兒，一大籮筐話等著呐。可這會兒再說什麼「早知如此，何必當初」、「吃一塹長一智」之類的話，又有什麼用。弄不好把大廚擠急了，再出個人命，自己也得算「同謀」，吃不了兜著走。再說「清官難斷家務事」，誰是誰非哪說得清楚。事到如今，你老廣要真是條漢子，也不能老「著◎」吧。如此一來，便有些看不起大廚，顧左右而言他，有意說些不相干的話，倒似有幾分袒護虎姥姥。言談中又多次訴苦，生意難做之類。

老廣聽出來了，這是跟他「念秧兒◎」呐，自己懸◎了！其實他如果是個明白人就應當清楚，誰願意放著好好的買賣不做，跟他一塊兒摻和這人命官司呀。

辭工可以，可丟不起這人呐！大廚成天想對策，想一個否定一個。軟招

◎著：執意、固執的意思。

◎念秧兒：指老說一些不著邊際的話語，絮叨的意思。

◎自己懸了：意指自討苦吃、沒得救。

兒不管用，硬招兒又不認識「道上的」，也怕真鬧大了。老闆的臉色越來越不好看。他急得都快瘋了。

就在這時候，老天把他救了。「非典(SARS)」！別人都發愁害怕，惟獨老廣喜形於色，可以名正言順各奔東西了。臨分手前，小吳說了實話，什麼事都沒發生，不過緣分已經盡了。說完放下老廣給的錢，平靜地走了。

此刻，老廣突然有了罪惡感，一陣衝動，真想追上去。可是，他沒有。

嫁根扁擔抱著走

小馮家在蘇北某地，旱澇成災，十年九不收，是有名的貧困地區。窮人的孩子早當家，從小輟學的他，家裡地裡幹活是一把好手，同時也練就一副「扇子面◎」的好身板◎。鄉親們看到他一身「腱子肉◎」，讚賞之餘還加上一句「可惜了！」他知道是什麼意思，從村子被人稱為「光棍村」時他就知道了。眼看著家境比自家好的人還打著光棍，他明白了自己未來的命運，也明白自己的老婆不在此地。

思想通了，一通百通。小馮自發地踏上了自己的「尋妻之路」。第一站先到了上海。剛過一個月，他就明白自己「沒戲唱」：那兒的人多精啊，連上海本地人，還徐匯、黃浦誰低誰高爭個不休，哪兒輪得到你？一句「江北人」，就把你打入十八層地獄。

「南征」不成，轉而「北戰」，於是賺了點路費便來到北京。北京人寬容大度，他覺得自己找對地方了，應了那句「短信笑話」：「這裡錢多人傻，速來！」

◎扇子面：形容男人體格健壯，如建美先生身體輪廓呈倒三角形的樣子。

◎好身板：好身材。

◎腱子肉：意指肌肉。

　　小馮目標明確：「找老婆」。所以建築工地賺錢再多他也不去，那裡是一群「和尚」，看見一個女的眼睛都直了。憑本能他知道飯館裡女孩最多，那是他最該去的地方。

　　需要澄清一下，小馮不是壞人，他只是想憑自己的本事找一個老婆，一個不用花幾千元禮金的老婆，沒有別的不良企圖。

　　於是他找到了一家新開業的飯館，他覺得老飯館裡女服務員工作時間久，可能都有男朋友了(真是個天才，無師自通)。小馮相貌端正，又有把子力氣，老闆便把他留下了。先是做「傳菜」，也就是托著盤子把廚房炒好的菜送到顧客桌前，順便帶手把客人吃過的空餐具撤下來，送到洗碗間，一天工作量不輕。農村人實在，幹活不惜力，也不會偷奸耍滑。大夥兒都對小馮印象不錯，經理便提升他做服務員，工資也增加了幾十元。沒想到小馮死活不幹，說自己做不了。經理奇了怪了：又不是讓你做「原子彈芯」，差一點也炸不了。這服務員有什麼做不了的？小馮一見經理不悅，只好硬著頭皮答應了。

　　沒過一星期，經理就明白小馮為什麼說自己做不了了，文化不行，小學二年級。先是廚房反應有的單子看不懂：「豆豉鯪魚油麥菜」，在「豆豉」和「魚」之間畫一個大圈，什麼意思？一查，小馮開的。開始以為他圖省事，自創了一個代號，後來「圈」越來越多，大有星火燎原之勢，經理才覺得不對。找小馮一問，方知道他不會寫。凡是不會寫的字他一律先畫圈，怕耽誤時間。彷彿看過文件後在自己名字上畫個圈，表示本人已圈閱，小馮由此落個雅號——「首長」。

　　「首長」自請「下放」，仍回傳菜部傳菜。經理看在他勤奮上沒答應，鼓勵他多學多練。可學文化是個日積月累的慢功，不是三天兩早晨的急活。廚房能原諒，顧客可不將就。怎麼回事？小馮不但有很多菜單上的字不會寫，連認都認不全。顧客拿著菜單一問就把他問傻了，只好矇著說。有時候把客人逗笑了：「噢，這字念『勺』呀！」——敢情把『白灼』念成『白勺』了。有時候把客人氣惱了：「你×認識中國字嗎？！」

　　人都有自尊心，急了就有辦法了。小馮氣死倉頡，自造「馮氏簡易字母表」：在自己的小本上抄好菜名，與大菜譜一一對照。凡是不認識的字，就在小本上畫一個只有自己知道的符號，有圓圈，有三角，有五星，還有各種「象形文字」，彷彿楊子榮◎的「秘密聯絡圖」。顧客點菜時，他暗中打開袖珍版「葵花寶典」對照。還別說，這招兒真靈！顧客點菜都比較慢，一般情況下露不了餡。菜單上畢竟就是那麼幾道菜，沒幾天也就背下來了，如同眼力不好的人背「視力表」一樣。

　　小馮愚公移山、刻苦自學的故事太多了，咱們暫且不表，單說一個四川女孩黃鸝。小黃鸝胖胖乎乎，性格活潑，笑起來真有如黃鸝鳴翠柳，是餐廳有名的「開心果」。因工作關係，小黃與小馮接觸較多。俗話說日久生情，看到小馮的人品性格體魄，黃鸝鳥遂不禁萌動「依人」之心。小馮畢竟老實，或曰「遲鈍」，雖是為「尋妻」而來，也沒料到愛情鳥如此神速。一來二去，他們「好」上了。

　　後來，小馮就有點不「地道」了。他一看老婆到了手，惟恐日久生變或被他人「奪愛」，就硬要黃鸝和他一起辭了工，說是去做「個體」。什麼「個體」？就是在大街上「打遊擊」式地賣水果。經理幾次看見黃鸝挺著個大肚子躲「城管◎」。想起在餐廳時的「黃鸝鳥」，他心裡好不是滋味。黃鸝倒想得開：「嫁雞隨雞，嫁狗隨狗，嫁根扁擔抱著走。認啦！」

◎楊子榮：共軍英雄，以機智、勇敢留名歷史，為人傳頌。

◎城管：大陸市區負責行政執法的人員，隸屬城市管理綜合行政執法機關。

第五章

險惡的餐飲江湖——

誰才是勝者

險惡的餐飲江湖──誰才是勝者

供貨商與餐廳的貓鼠遊戲── 離不開，惹不起的一對冤家

打入餐廳不容易／拖欠貨款是常事／竹籃打水人去樓空

十多年前的小飯館，每天清早，齊老闆騎著自行車上農貿市場轉一圈，把肉禽蛋菜往車後面的筐裡一放，齊了！幾年之後，改成蹬小三輪車；又過幾年，齊老闆忙不過來，設一名採購，改開「小麵◎」；現在則張口閉口「供貨商」了。

對於眾多給餐館送貨的小店經營者，「供貨商」一詞與其規模和自身形象來說，還是顯得過於華麗。他們大多蹬著三輪，騎著「摩的◎」，怎麼看怎麼像拉「黑活◎」的。餐館上下大多數人按照以往的習慣，還是稱呼他們為「送肉的」、「送啤酒的」，或者乾脆省略「送」字，直呼「給『豬肉』打個電話」，「讓『啤酒』來一趟」。不明底細的人，簡直認為「酒肉」不僅可以穿腸過，還具有「語言功能」。

🔒 打入餐廳不容易

「供貨商」其實就是大大小小的批發商，或稱「經銷商」。他們大多專門從事某類食品原輔料的批量銷售，在批發市場等處設有攤位。大的經銷商

◎小麵：指麵包車或小型客貨箱型車。

◎摩的：摩托車。

◎黑活：原指無照載客，這裡泛指違法營業。

如啤酒、鴨坯之類，更是直接從屬於生產廠家。小飯館用貨量少，往往自行採購，如果當時帶不走，就讓賣貨的送一趟，一般都是免費的。稍大些的用戶，一則採購數量較大，二則有些貨當時門市上不全，需要「配貨」。供貨商就會讓用戶先辦別的事，自己把貨配齊了送過去。時間長熟悉了，往往用戶不用親自過去，打個電話對方「滿應滿許◎」，會在規定時間內送到，其殷勤程度遠勝過對待零星購買的市民群眾。雙方關係熟悉了之後，供貨商還會主動提出擴大供貨範圍，或要求獨家供貨。用戶答應與否就要看貨品價格品質和給採購員多少的「回扣」了。

一般來說，不太值錢的貨，餐館方面願意從一家供貨商進。值錢的或用量大的就不一定了，原因下文會談到。有句話叫「店大欺客，客大欺店」，在供貨商與餐館的關係上同樣適用。如果是小門小戶的飯館，一個月用不了多少錢的貨，在供貨商眼裡，屬於「有他不多，沒他不少」，就無所謂了。而對於大店名店，不僅用量大，而且可借該店之名提高自己的身份和知名度。一說起來，「某店某店都用我的貨」，也是件挺有面子的事，等於是自身品牌信譽的保證。對這些店，供貨商就極為重視，價格、結算週期也都好商量。大用戶當然明白自己的「品牌價值」，不僅會盡量「壓價」，還會長期「紮貨」(即先用貨後付款)，有的店還會要求供貨商先付一筆「進店費」或「押金」。

過去，在供應緊張時期，靠「票證」，靠「批條子」。貨品在手就是權力和地位的象徵。那時有個傳說，某鄉村小學的教師不安心工作，村領導說：「好好幹，以後提拔你當供銷社的售貨員。」

現在講這個故事，則有滄海桑田風光不再之感。改革開放之初，小飯館剛興起時，老闆還要千方百計找雞蛋，找肉，說好話，用菸酒或客飯打點，屬於「三孫子◎」階段，自然談不上什麼「進店費」。待供需關係改變，飯

◎滿應滿許：意同滿口答應。

◎三孫子：指地位卑微低下的人。

館老闆徹底翻了身，由孫變「爺」，卻不忘過去苦，便向供貨商「反攻倒算」了。

🔒 拖欠貨款是常事

某大品牌啤酒代理商想打入錦苑餐館，連約幾次，錦苑的齊老闆都說沒空。可那啤酒推銷部的劉經理也不含糊，索性在餐館死等，終於見到老闆。寒暄過後談到正題，劉經理試探性問齊老闆有什麼要幫忙的？老闆爽快地說：「別的也不用，你先交一萬元的進店費吧！」這「進店費」相當於「門票」，買了票才能進門。進門後啤酒賣多少錢一瓶仍是餐館老闆說了算，廠家別想從提價中漁利。至於進貨價，該多少錢還是多少錢，也別想漲價彌補損失。

對「進店費」，劉經理當時不僅一口答應，還連聲道謝。這在別人看來簡直不可思議，啤酒商頭腦有問題嗎？圖什麼呢？

其實小劉心裡明白，他心裡有個「小九九」：錦苑是大店，本品牌一旦進入，上可討啤酒廠家歡心，下可對其他飯館施壓。至於進店費，可以自己消化一部分，剩下的找廠家「報銷」，拖欠貨款是常事，小劉高興了沒倆月就犯了愁。原因很簡單，收不回錢。當初合約定的是每週結算一次，除了第一次按時拿到支票，以後拖兩三天、四五天，直到拖一個月。後來會計說：「乾脆，等夠3萬塊錢給你結一次得了。」小劉找過幾次老闆，老闆笑著說：「要不然一次給你清了？」小劉明白是什麼意思：掃地出門！趕緊自己找個台階下。

出了門，小劉騎虎難下，想要錢就得從店裡退出。餐館老闆不怕。小劉在那裡遇見過好幾個競爭對手了，別人還挺羨慕他呢！想做生意就得讓餐館繼續「紮貨」，沒辦法。不過自己也可以「紮」廠家的。廠家自然是「紮」股民、「紮」銀行，一路「紮」下去。

說完小劉說說大劉。大劉原是北京一家國營副食店賣肉的。後來上級單位把那塊地賣給房地產公司開發房地產，房子剷平了，每人給了一筆錢叫

146

「買斷工齡」。大劉「年過三十不學藝」，就在北京朝陽區太陽宮批發市場輕車熟路地賣起肉來。後來經人介紹給錦苑送豬肉，每月營業額也上萬元。熟了以後，跟老闆商量，想把牛羊肉也接過來。老闆沒答應，還是讓三河縣的老許繼續送。

天熱以後，客人不愛吃肉，貨要得少了，大劉「結款」也越來越費勁。每次都得賠著笑臉，弄好了還可以結個一千兩千的，累計欠款有好幾萬了。問問三河的老許，也是一肚子苦水。

有一天太陽打西邊出來，錦苑老闆請他去，說是喝酒，然後結款。大劉心存疑慮，生怕是「鴻門宴」。到那兒一看，還有老許，一共三個人。喝著！齊老闆先是感謝，又說到企業的難處。大劉一聽，慘了！沒想到老闆拿出兩逻◦兒現金，他跟老許一人一逻兒。借著酒勁，老闆又開腔了：「當初供肉找兩家就是怕死桼一家桼飛了。昨天上廟裡燒香，喇嘛讓我做點善事。我一想做什麼善事呀？在書上隨手一指，是個『肉』字，就想起你們倆來了。今天做點善事。」說完用手一指錢。大劉一聽，鼻子都氣歪了。本來是你欠我的錢，欠債還錢怎麼還成了「做善事」了？

其實，生意人對「欠債」的看法與平常人不一樣。平常民間借錢是因為買東西或是有急用，是消費。生意人借錢則認為是「融資」，是「資本運作」。餐館老闆認為買了老許大劉的肉，他們從自己這兒賺錢了，壓他們的貨款是應該的，他們還得謝謝我。所以現在「桼貨」、壓款，用別人的錢做生意，在圈內人看來是再正常不過的事。他們可以給「希望工程」捐款，可以給街道「五保戶◦」送月餅。但他們還是要「桼上家」（拖欠上遊廠商貨款）。

除了經濟上的原因之外，從心理學上講，餐館老闆整天提心吊膽，應付

◎兩逻：兩疊。

◎五保戶：指沒有人贍養而由國家贍養的人。

各方神聖，心理壓力極大。他也需要找個比他低的人「發洩」一下。

離不開，惹不起。餐館老闆與供貨商，純粹是一場「貓鼠遊戲」。

竹籃打水一人去樓空

臨近春節，北京望京附近一家涮肉館大門緊鎖，門口聚集了一群人。張望的、打電話的、叫喊罵娘的……亂成一片，兩個保安勸也勸不住。原來老闆跑了。門口是一群「苦主」，受害者。有服務員、廚師，還有不少供貨商。

這裡原先也是一家涮肉館，因為生意蕭條，租給了一個原來的供肉商——包頭的老郭，並用欠的肉款抵了一部分租金。剛開始老郭挺用心。因為自己在包頭有牛羊肉廠，原料成本低，賣的就便宜。沒幾個月，生意大有改觀。一看賺了錢，老郭打起了歪主義。先是逐步減少從包頭供貨，改用通縣和山東的，有三四家，每家「紮」了幾萬塊錢。其他供原料、調料、酒水的通通「紮」，一個也不能少。廚師和服務員的工資則巧立名目，能拖就拖，能欠則欠。

供貨商有機靈的，怕欠款多了出問題，就常常堵著門要。要急了，老郭就半玩笑半認真地要「青皮」：「你把我門口的大玻璃門砸了吧，砸完我就給你！」要不就說：「你看餐廳裡什麼值錢你就搬走。反正沒一樣是我的！」供貨商一看傻眼，只好敗退。不再供貨，欠款更難要，可損失也就到此為止了。

對員工除了拖欠工資，還要扣「工服押金」、「風險抵押金」。做不下去走了的按「自動離職」處理，押金一毛不退。最缺德的是老郭臨跑之前又坑了一戶。他眼看年關將至，各種欠款不好再拖，合約也快到期，便想出一個陰招。找了一個山西開煤窯的煤老闆合資。煤老闆財大氣粗，在北京買了好幾間房，正閒著沒事做。一看涮肉館生意不錯，就有意加入。老郭說要換新工作服、改裝包廂、裝修大堂，列出不少名目。花言巧語讓對方掏了二十多萬。錢到了位，卻再也找不到老郭，「人間蒸發」了。

在此之前，是報上的一篇文章「啟發」了他：一個捲款潛逃的騙子，與他情況差不多，過了好幾年才找到。錢都花了，騙子不承認詐騙，說是「合約糾紛」。他問過明白人，「詐欺」屬於刑事犯罪，輕不了。可「合約糾紛」屬民事管轄，可以調解，一般「進不去」，真是機關算盡！

這一輪「貓鼠遊戲」不知最終如何結局？

連鎖與分店──真假難辨不歡而散

名牌效應／借金雞下金蛋／吃餡餅入陷阱「百卉園」中招

飯館出了名，品牌就能「鍍金」，成為無形資產。善於經營的，會使這種無形資產迅速變成有形資本。於是就出現了分店和加盟、連鎖。

名牌效應

一般來說，「分店」是相對總店而言，產權仍屬於同一個老闆或管理機構。雖然各自經營、單獨核算，但賺了錢要上交，虧了錢有人管，最終「肉爛在鍋裡」。「加盟」則不同，產權是加盟者的，純屬花錢買一個「名號」。由母店有償提供相關的技術、設備及核心原料，至於日常的經營管理及盈餘虧損就是加盟者自己的事了。「連鎖」則是另一種方式，產權關係和經營方式各有不同，既有「分店」式的，也有「加盟」式的，還有多種「合作」形式的。

過去一家店出了名，仿效者往往是赤裸裸地照搬。你叫「王麻子」，我就叫「老王麻子」，他叫「真正老牌王麻子」。後來由於同業公會的干預，有些仿效者便由「克隆◎」改為「諧音」魚目混珠。北京大柵欄有「同

◎克隆：clone的音譯，指拷貝、複製的意思。

仁堂」藥鋪，不遠處的和平門有「同寅堂」藥鋪。猛一聽還真差不多。北京「王致和」醬豆腐臭豆腐出了名，前門外延壽寺街上便有一家「王芝和」醬園。

如今走在街上，無論大烤鴨店還是小涮肉館，老字號還是新名牌，連鎖店比比皆是，常有使人難辨真偽之感。其實以現在監督管理之嚴，敢光明正大打出名店招牌字號的，仿冒者極少，絕大多數還是經得起推敲，找得出來歷，「本家」也認可的，可以放心。

不過，中式飯菜有個特點，它是誕生在農業社會條件下，以個體勞動為基礎的經驗型手工操作。這種特點就強調了菜品的個性特徵，而不是像西方速食業那樣具有工業產品的統一性。舉個最簡單的例子：中餐的豆沙包，即使所用麵粉和豆沙完全相同，包好後放在同一個蒸籠裡蒸，師傅和徒弟做出來的也不一樣。蒸好出籠後一看，一個外形規則飽滿，一個趴平塌癟；用刀子橫豎切成四塊，你看，師傅包的豆包，麵皮薄厚均勻，另一個則薄厚不一，甚至跑糖露餡。吃到嘴裡或軟或硬，口感也不相同。其實這些都源於經驗和手法，從和麵開始，直到包好後在案板上滾幾下，用多大勁壓都有關系。所以中餐麵點廚師應聘，讓他蒸幾個豆沙包，往往就能大致知道其經驗如何。這些都很難用文字表達，也不是一學就會的。

曾有人認為中餐菜譜表達不準確，「少許」是多少克？「適量」又是多少？可是即使寫明「醬油15毫升，味精500毫克」、「油溫八成熱」是180℃左右，不同人炒出的菜還是不一樣。因為在整個過程中不確定的因素太多了，用肉眼無法準確測定，用人手無法準確複製，因此必然存在操作者的「個體誤差」。同一個師傅連炒十鍋相同的菜，如果用儀器檢測化驗也無法保證完全相同。還好，品嚐的人用嘴，而不是用儀器，他根據自己的感受打分數，對師傅的「誤差」基本在可以接受的範圍內。

如果您常去某家餐廳吃飯，對菜品的配料味道發生變化會聯想到「換廚師」了。而不同餐館的「宮保雞丁」差異很大也會是您意料之中的。除了菜餚，在服務方面也會存在差異。所以「加盟」、「連鎖」與「老店」不會完

全一樣是必然的，只要不是惡意偷工減料，差別應當在可以接受的範圍內。足球的魅力在於它是圓的，你無法預測比賽的過程和結果。「分店」沒有那般玄妙，菜品的差異也是見仁見智，並大都能寬容地接受它，這也是它的魅力所在吧。

🔒 借金雞下金蛋

隨著改革開放和西部開發的深入進展，這座西部老城有了巨大的變化。不過相比之下，餐飲業還略顯薄弱。老闆蓋志軍前些年承包本廠招待所賺了些錢，此時看到商機，便想轉行開餐館。他認為本地人有「外來的和尚會念經」的觀念，如果自己打出當地品牌，初期很難得到認同，不如「借雞下蛋」。

第一炮選了兩隻「洋雞」：「麥當勞」和「肯德基」。不過不是加盟而是克隆。他開了一個速食廳，取名「麥肯香」，從店內布置、速食品種名稱、顏色形狀、甚至餐具和服務員工服都與西式速食一模一樣。當時那裡還沒有速食店，所以「麥肯香」一開業確實引起了不少家長和兒童的興趣，但是生意並不怎麼好。有人說得降價，薄利多銷。老蓋明白家長們的心理，能帶孩子來這兒吃「漢堡」的，價格高低不是主要因素。捨得花20塊錢的人，就不在乎多花個十塊八塊的。那在乎什麼呢？他問過許多家長，一致回答「衛生」。

老蓋心領神會，馬上在衛生上大做文章。餐廳內就不說了。每天上下班，路上行人最多的時候，他讓服務員擦玻璃、擦地。不僅擦室內，還用拖把擦大門外的人行道，用鏟刀和鋼絲刷清理口香糖的汙漬。這招真靈，立竿見影，全市沒有這麼講衛生的餐廳。有人就是看見這個才把孩子領進來的。衛生好，顧客反映不錯，有關部門也開會推廣，效應一下子就造出去了。至於口味，反正沒有比較，也就是它了。所以開業沒半年，生意蒸蒸日上。

眼見「借雞」成功，初戰告捷，老蓋又有了個大計劃。他看一些掛北京招牌的餐館如「金百萬」、「大鴨梨」生意都不錯，就想借北京的「雞」再

生一個金雞蛋。他明白「築巢引鳳」的道理，知道沒有梧桐樹不行。於是他在自己承包的招待所院裡蓋起一座中式風格的二層樓，用迴廊與大門口連接起來，很像那麼回事。又砌了一座假山，水從假山瀑布流到山下的水池裡。此地缺水，凡是有水的地方都很吸引人。

　　樓房施工中，老蓋到北京來「選秀」，尋找合作夥伴。他想找一家有一定規模和影響，有自己經營特色的餐館。找來找去，發現一家叫「百卉園」的餐廳符合他的要求，甚至超過他最初的想像。

　　經營方式有北京特點，菜色品質價格中等，適合家鄉人目前水準，特別是「百卉園」每天晚上滾滾的人流給了蓋志軍深刻印象，在他眼裡，這就是錢。於是某天，蓋志軍找到「百卉園」餐館的田老闆，說明合作意向。為了打動老田，老蓋提出一切均由自己投入，北京方面派全套人馬經營管理，一年內虧錢算自己的，賺了錢兩家平分，一年後續簽合約。

　　事有湊巧，「百卉園」經營數年，在北京人氣日增，也算江湖中一支新秀。田老闆眼見與自己同時起步的幾家餐廳各自連開分店，心中便有些不平，認為憑名氣、憑實力自己不在那些同行之下。於是也想尋找機會開個分店，但又不想投入過多資金。此時老蓋找來，不啻「肥豬拱門」，財神指路，便覺得是天意。再加上老蓋久歷江湖，口才甚佳，用好聽話把田老闆奉承得渾身舒坦。老田翻來覆去想，自己什麼都不投入，並無任何風險，只等著到時候分錢，多好的事！都說「沒有天上掉餡餅的」，這不就是個大餡餅嗎？別人開分店費多大勁，我這兒白揀一個。越想越美！

　　老田帶領手下人到那裡考察了兩次，挺滿意的。手下也紛紛叫好。惟有個老會計心裡犯嘀咕，可沒敢說出來，只是私下與人商議。

🔒 吃餡餅入陷阱「百卉園」中招

　　話說半年過去。時值九月，老蓋那邊的工程完工了。北京百卉園方面慎重初戰，意在必勝，由經理和主廚帶領六十餘名精兵強將出征。

餐館開業前準備工作千頭萬緒，業內稱為「開荒」。從這兩個字也可以看出事情的難度，絕非「外行」或初出茅廬的半吊子所能勝任。「開荒」大致包括設備的配備、安裝、調試；餐具廚具的配套、選購，餐廳佈置；餐桌椅及臺布、餐巾配置；確定菜餚，印製菜單；人員招聘、培訓；各個職能部門如財務、收銀、庫房、採購的建立和配合；全體人員的吃喝拉撒睡，連續多日搞衛生，以及各種不可預見因素，堪稱「系統工程」。

那邊很多東西買不到，招聘人員也異常困難。幸虧百卉園拉過去的是整套人馬，並將電腦、工作服、小工具、各種管理用的單據表格等種種需要物品備齊，否則真不知會多趕、拖多久。

眼見準備工作逐步就緒，蓋志軍蓋老闆望著大門口「即將開業」的紅布橫幅，心中不禁暗自佩服起自己來。幸虧當初想了這麼一條妙計，要不然不說別的，光這班人馬在此地就湊不齊，更別說十五天裡開業了。至於以後的戰略方針，心裡也有個大概了。

「雞」是借來了，但此時蓋老闆卻想生出自己的「蛋」來，於是「北京百卉園分店」幾個字便令人有些不快。

新開張的店總要先做人氣，也就是「賠本賺吆喝」，提高知名度。第一個月生意自然還談不上，所幸人員經過磨合，內部安定。月末算賬，虧損6萬元。田老闆過意不去，便和蓋志軍各出3萬開工資。兩人都是過來人，倒也心平氣和。第二個月虧4萬，每人各出2萬，依然平和。

經理和主廚可坐不住了，想各種辦法促銷，首先希望蓋老闆在大門口安裝霓虹燈店標，要不然晚上客人根本找不著。蓋老闆一聽要花好幾萬，沒言語，只說等旁邊大樓蓋好了再裝。「大樓快蓋好了，三個月。」於是百卉園分店繼續在黑夜中等待顧客自發「上門」來。經理將此事匯報北京的田老闆。田老闆想不明白，但礙於情面，不便發問。

經過多種努力，第四個月持平了。每人發了30元獎金，約是北京方面的四分之一，還不夠長途電話費。

第五個月，蓋老闆開始在「費用開支」欄目裡扣員工住宿費、水電費、取暖費(這些按餐館規矩，各店都不扣)。並提取各項「折舊費」。這一來，店又虧了。

北京的田老闆急忙趕去商量，意欲緩扣。蓋老闆以攻為守，「擒賊先擒王」，力斥經理和主廚不盡責，並提出一堆問題，要求將二人撤回北京。田老闆不知是計，心中不快遂轉移到此二人身上，認為真是「將在外，君命有所不受」。再看蓋老闆大有非如此便中止合作的逼宮之勢。關鍵時刻，田老闆在商言商，作為生意人想的是面子和票子。從面子上講，北京很多同行都知道自己開了分店，萬一「折了」，讓人議論甚至笑話，有損江湖名聲。

從「票子」上講，自己連硬體帶工資已經搭進來約20萬，怎麼也得有個「回本」吧。想到這裡，便顧不得經理和主廚了，他們畢竟是打工的。

經理和主廚百口莫辯，功勞、苦勞、疲勞都談不上，連牢騷都不敢發就灰溜溜地滾回北京了。到了北京，田老闆餘怒未消，放了他們兩個月的「假」(不發工資)，作為「酬勞」。說「階級矛盾」有點大，但此時直把兩人氣得明白了一個道理：打工的地位多高也是打工的，老闆一句話就決定你的命運。兩人遂萌生去意，各奔前程，此是後話。

再說老蓋「拔釘子◎」成功，便乘勝安排原任副經理的小舅子就地升級，另外安排自己人接手主管會計，又將來自本地的副主廚扶正。

人感恩不盡，誓死效忠。小舅子上任後，外場服務主管和領班遭了殃，開除的開除、降級的降級，一時間人人自危。回到北京，本店還不敢接收，惟恐破壞了「安定團結」。可憐一個個小姑娘含冤掩泣而去。店內其他人亦暗中鳴不平。

半年過後，蓋老闆見時機已到，客流平穩，員工也基本搞定，便開始書

◎拔釘子：去除障礙。

計畫「安定團結」的「新篇章」。說是要關門裝修，所有東西不許動，讓北京百卉園的人馬全部撤離待命。

田老闆心知中了「卸磨殺驢」的圈套，騎虎難下，有苦難言。有道是「強龍鬥不過地頭蛇」。合約一年雖未到期，賬面上卻有不少虧損，再「合作」下去也是凶多吉少，遂自認倒楣，不了了之。

大概算了算，損失三十多萬。電腦等物件早已被蓋老闆封存，只落得血本無歸。倒是服務員「愛店如家」，每個人穿了幾套工作服回來，算是不曾全軍覆沒。

不到一個月，那邊的店重新開業，少數人以個人名義返職。蓋老闆志得意滿。店內一切與百卉園有關的痕跡均去除乾淨，門口的大霓虹燈已樹起，只是並無「百卉園」字樣。風聞西洋速食又在談收購之事，蓋老闆身價正高哩。

北京田老闆如夢初醒，悔恨無門，方知「餡餅」是「陷阱」，從此絕口不提「分店」二字。

揭秘海鮮池——海鮮內幕，點與不點兩難

海鮮池與海鮮商／宰客的招數／貓鼠遊戲誰是勝家／養海鮮也有難處

現在稍微像點樣的餐館都有「海鮮池」，俗稱「魚缸」。大的海鮮樓養著各種魚鱉蝦蟹，有如水族館。小的也有七八種。如果混得只剩下幾條草魚了，那就趁早放水收攤兒，別在那兒「硬扛」。像北京人說的，「玩不起就別玩了」。

🔒 海鮮池與海鮮商

立一個像樣的海鮮池，先不說花多少錢，養海鮮本身就是個技術活，還不是說是個人就能玩得轉的。淡水魚、海水魚、深水魚生活習性都不一樣，水溫、鹽度、水泵、氣泵都得伺候好了。稍有不慎，頭天晚上魚還好好的，第二天一看死一片，也不是什麼新鮮事。

在品種和數量上，顧客自然希望越多越好，挑選的餘地大；店家則不希望太多。雖然從理論上說，品種和數量越多，賺錢的機會越多，可投資的風險也越大，店家有顧慮。於是催生了一個新的行業──「養海鮮」的海鮮商。

有的餐館海鮮池看著就氣派，但從投資到飼養自己一分錢沒出，專門有人做這個活兒，其中以天津人和河北白洋澱一帶的人居多，業內稱其為「蝦仔」。他們早年靠賣魚賺到第一桶金。後來賣魚的人多了，生意不好做，就連賣帶養，從自有管道進貨，以一定價格出售。雖說砌池子、雇「蝦仔」花費不少，可是有了穩定的銷售管道，心裡踏實。再說海鮮利潤大，這些錢以後都能賺回來。

餐館「引魚進店」，自己則落得輕鬆，雖說少賺些錢，畢竟不用投資、不擔風險，也算是雙贏。

這樣一來，由於經濟利益的不同，就容易出現矛盾。餐館希望品種多、數量大，以利顧客挑選；養魚的則不願品種太多，以減少風險及資金投入。這種矛盾還只是他們兩家之間的，而份量、鮮活度、價格等問題就直接關係到顧客。顧客一般都願意點個海鮮菜，不點怕沒面子，可點了又怕挨宰，真是點與不點兩難！

🔒 宰客的招數

說「無商不奸」可能有點過分，但海鮮池絕對不是風平浪靜。由於顧客很少親自監督秤重，這就給「蝦仔」做手腳提供了空間，而且一旦「生米煮成熟飯」，誰也無法「複秤」。一條乾燒鱖魚上了桌，您怎麼看怎麼

覺得個小。究竟是一斤八兩，還是二斤一兩，誰說得清？只能是店家憑良心、顧客憑經驗。一斤鱖魚可就是88元。老實顧客不願意生氣，自認倒楣，會計較的就會吵起來。這還是整條的，若是水煮魚，都切成了片，更容易發生糾紛。

有人會說，吵起來對餐館有什麼好處？因小失大。此話不假，餐館也不想如此，所以對海鮮池和「蝦仔」都有管理和制約的辦法及處罰手段。例如對重量，要由廚房師傅「複秤」認定，一旦出現投訴由「蝦仔」承擔損失等。但是由於魚池的產權和「蝦仔」的管理都不屬於餐館，措施很難真正到位，管得太嚴，最終可能兩敗俱傷，所以餐館也常常睜一隻眼閉一隻眼，何況還有自身的利益在內。因為根據協議，雙方是按份量計價或分成的。至於「複秤」這一關，「蝦仔」早已打點好，對相關的廚師經常去「關照」一下，或是送盒菸或是喝頓酒；對主廚乾脆直接送紅包。俗話說「吃人的嘴軟，拿人的手短」，一旦出現顧客投訴，廚房往往幫忙「蝦仔」說話。解決辦法不外是給顧客送個菜或果盤，實在不行就打折，息事寧人，反正不能承認自己錯了。

由於作弊成本很低，便鼓勵了冒險，所以十家倒有八家份量不夠，包括自養戶。而顧客往往只注意魚是否鮮活，誰還當場掏出秤來比劃比劃。就算您認真，當場真秤了重，也不可能全程監督烹調過程。一轉身他就「調包」，給您換一條小的或是死的。這就如同雙方過招，他不能認這個「栽」。「任你奸似鬼，喝了老娘洗腳水」。看你蒙在鼓裡，他躲到一邊偷樂。

作弊的招數還有「以小充大」，例如鮑魚。驗貨的時候挺大，做出來過度「縮水」，像是鮑仔。甚至有用白蝦冒充基圍蝦的，遇到經驗不足的顧客，很容易矇混過關。

還有用冰鮮代替活魚的，而且事先並不說明。所以遇到餐館標榜「海鮮打折」，一定要問明白，是死(冰鮮)是活。不是說冰鮮的就不能吃了，但咱不能花活魚的錢吃死魚，多花錢還讓人笑話「吃得挺香」！

貓鼠遊戲誰是勝家

由於基圍蝦不太好養，死蝦在所難免。為避免損失，「蝦仔」千方百計也要把死蝦賣出去。因為魚池老闆對「蝦仔」也有考績，死亡率過高就會被「炒魷魚」。除了經濟方面的原因外，他懷疑「蝦仔」從中作弊，把魚蝦賣了，然後假報死亡私吞錢款。

魚池老闆由於不在餐館現場，往往戒備心很重，生怕被人算計，特別是被自己夥計算計了，這是他最不能容忍的。經濟上吃得起這個虧，但臉面上丟不起這個人。一旦傳出去，會成為江湖中的笑柄。所以魚池老闆若經營多個魚池，會時常走馬換將，調換「蝦仔」，以防他們與各方面混得太熟而尋機作弊。

老闆的擔心自然不是多餘的。確有夥計將魚蝦偷賣給其他小飯館從中得利，然後將份量轉嫁到海鮮池，少給顧客。若有人問就說是臨時借一條，以後還。至於還沒還，那就只有天曉得了。老闆當然清楚其中的「貓膩」，只不過時機未到，暫不出手而已。對夥計而言，一旦老闆產生懷疑，無論自身清白與否，趁早另謀高就，三十六計走為上，以免導致身敗名裂的下場。非但魚池，其他行業亦莫不如此。

養海鮮也有難處

以上這些都是站在顧客一邊講的。其實養海鮮也有難處：投資要回收、日常要開支、飼養有風險等。除此之外，還會有「不可預見費」。

某著名餐館，中午時分進來兩個人，亮明身份是××部門的。指著魚池裡的鱘魚問道：「有野生動物經營許可證嗎？」可巧，看魚池的不在。餐廳經理上任時間不長，說不出。雖是人工飼養的俄羅斯鱘魚，按規定也要報批。沒證，只好認罰數百元。

沒過幾天，某日下午又有兩位身著制服者，進門即直奔魚池而去。指稱某品種牌子上只有名稱，未標註單位價格。告之按規定須罰款，於是又罰××元。這些罰款餐館老闆一概不管，他認為是餐廳經理和主廚的責任。經

理自認倒楣，找「蝦仔」理論；「蝦仔」膽小，不敢找主廚和魚池老闆。最終兩人只好各掏腰包平賬了事。

政府部門保護消費者權益和野生動物是職責所在，處罰有根有據，合理合法。餐館老闆和魚池老闆毫無損失，主廚裝作不知。

只苦了餐廳經理連遭罰款，「樑上開花」。為了這一飯碗，以「破財消災」自慰，也就忍了。惟有「蝦仔」心眼小，對此耿耿於懷，悻悻然心有不甘。之後是否有「堤內損失堤外補」之舉也難以妄測，不過以其人而論，最終極可能還是消費者「買單」。

背靠大樹好乘涼──餐館的外圍部隊

「花仙子」傳奇／臺布的名堂／懷抱吉他的「杜十娘」

李坤接手了一家花店，名為「花仙子」。幾個月了，生意一直不好，這才明白人家為什麼轉讓。她自己總結的原因是「四不靠」：一不靠近辦公大樓，二不靠近醫院，三不靠近展覽館，四不靠近大單位。總而言之，離客源太遠。當時還不懂得怎麼開展業務，就指望著過路的和附近居民，那一天能有多少生意上門？雖說房租不高，夥計兩三個人坐吃山空也不是個辦法。

「花仙子」傳奇

某日走過一處門口，見正在修建中式門樓。跟油漆師傅一打聽，是個餐館，快開張了。進去看了看，裡邊挺大的，心裡就不覺一動。又去了幾次，終於見到了老闆。寒暄過後，就委婉提出：「您開業是個大喜事，怎麼也得需要花籃什麼的，能不能把這個活兒交給我？」然後大概報了個不算太高的價格。她本以為老闆會討價還價，提出優惠之說，沒想到老闆就輕描淡寫地

說了一個字：「行。」這倒弄得她不知道該怎麼辦了，看著空曠的四合院，支支吾吾地說：「其實您這麼大的院子，應該造個花壇。」邊說邊比劃什麼什麼樣的。見老闆感興趣，又接著說：「房簷底下、走道邊上最好也佈置佈置。」老闆扭過頭來看著她，說了句：「都交給你了。」

三言兩語談下了這樣的一個大CASE，有點兒沒想到。李坤稍微回過神來，連聲道謝。不過直到分手，老闆沒提一個錢字，又讓她心裡有點不踏實。自己店小，可「紮」(賒欠)不起。

過了幾天，快到開業的日子了。李坤擬了一份報價單找到餐館老闆問花壇的事，說您不敲定我可不敢進貨。老闆看了一會兒報價單，又是一個字：「行。」李坤納悶：「聽這個老闆跟別人說話也挺能聊的呀，怎麼到我這兒老一個字？是嫌報價高了吧？不高哇。」到底是年輕，經驗不足，不由自主地說了句：「那我給您打個九…折吧。」話剛說出口，就恨不得賞給自己一個大嘴巴：「還沒開打，自己就先繳槍投降了！」(餐館老闆暗笑，目的完全達到。)

價錢雖說打了九折，配花的時候有「偷手」，完全可以「找補」回來，「堤內損失堤外補。」可李坤不敢，怕把生意做砸了，盡揀高檔的、大棵的上。老闆挺滿意，痛痛快快地結了賬。等她拿回支票一算，除去進貨、人工，沒賺什麼錢，基本上打了個平手。

飯館開張那天，老闆把李坤也請去了。她頭一回喝那麼多酒，暈地回了家。第二天醒了，想起頭天看見飯館的花有點乾，就張羅著給人家澆水。夥計說：「費那勁幹麼？咱是一次性買賣。再說也沒賺什麼錢。」話雖如此，還是帶著噴嘴壺、剪刀，挺不情願地跟著李坤去了。

剛開張的飯館沒什麼人，老闆正閒得無聊，聽完李坤的來意，罵了幾句自己的服務員懶，不由得就仔細看了李坤幾眼。李坤正忙，也沒在意。過後，隔三差五的就來剪枝澆水，也不提收錢。飯館的服務員倒落個清閒。

有人精心伺候，花就格外精神。骨朵大、花期長，真是人見人愛。顧

客一稱讚花，餐館老闆臉上也有了光，一高興就想多擺點，再見到李坤時便主動說起此事。李坤一見時機到了，就對餐館老闆提了個「租擺」的建議。「租擺」是花界術語，意思是以租的形式先把花擺上，按天或是按月付租金。花由花店來人負責養護，枯了黃了免費更換。

飯館剛開業，資金正有點緊張，老闆一聽這話，算了算賬，可想想李坤的為人，就答應了。李坤喜出望外，回店後馬上運作，沒幾天飯館就變成了「植物園」。按照花兒的品種顏色產地分成區，什麼「江南好」、「杜鵑紅」、「彩雲飛」之類，還掛上幾個鳥籠子，真是五彩繽紛、鳥語花香。那時候還沒有「生態園」一類的地方，這家花園式飯館在附近一帶就算首屈一指了。飯館的生意也一天比一天「火」，賞花的、照相的，就連午後都不閒著。飯館老闆樂得闔不上嘴，雖不說什麼，心裡也暗暗感謝李坤。有人問起花的事，就介紹給「花仙子」，還格外開恩地讓李坤在花叢裡安了個小廣告牌。就這樣，「花仙子」就出了名。

「花仙子」真正賺到第一桶金，還是後來的事。

開飯館的都愛「紮堆兒」，哪兒「火」往哪兒紮。又趕上街區改造，「植物園」那條路變成了美食街。「植物園」也成了「老大」。遠近家家餐館明裡暗裡都去取經，回來不說菜怎麼樣(同行是冤家)，都誇那裡的花兒。有的乾脆給李坤打電話，讓她把自家餐館也佈置一番。「花仙子」自此更加名聲大振。

李坤仍是當年那副模樣，樸實中帶點傻氣。憑著這點「傻」，拿下了一家又一家餐館、賓館、公司。數年間，花店擴大了幾倍，改名「花仙子夢幻世界」，鮮花、禮品、工藝品一應俱全，如今也是花界「大腕」了。

🔒 台布的名堂

如今不管您自家的餐桌上鋪不鋪臺布(台灣稱為桌布)，但只要一進了餐館，凡是遇見「白板」(指沒鋪桌布)桌面，您肯定覺得彆扭。臺布好像已經成了餐館等級的標籤了。

臺布的使用也可分成幾種。最簡單的是鋪一塊塑膠布，髒了用抹布擦一擦，長期使用。多見於「成都小吃」、「蘭州拉麵」等一類飯鋪。小飯館或火鍋店則鋪上一疊透明薄膜，走一批客人揭去一層，隨筷子等一起倒入垃圾桶，既方便又乾淨，只是檔次就談不上了。好在客人也不挑剔。使用布臺布的又高了一等，不過經常洗滌也是個麻煩事。於是就有人在布臺布上面再鋪一層名為「水晶墊」的透明厚層塑膠墊，如同在精裝書外面包上一層塑膠書皮。真正摸透顧客心理又有點實力的老闆都直接用布臺布。

小鄭在餐飲界摸爬滾打數年，從賣羊肉串起家，如今總算有了個門面，不大，七八張桌，三十多個餐位。這種餐館的生意最不好做，高不成、低不就。前端有100個餐位左右的餐館壓著，後端有三四張餐桌的小飯鋪擠著，有錢人不來吃，沒錢人吃不起。開了些日子，小鄭一算，日均營業額五百多，人均消費才十多塊錢。他好歹也算久歷江湖，雖說老在底層混，也知道這麼下去要玩完，非得「改革」不可。怎麼改，還是按上頭說的，「摸著石頭過河」，他想做的是精品特色菜。

先換了個月薪翻一倍的廚子，菜色品質明顯提高，人均消費增加兩塊錢。不錯，工錢沒白花。聽新廚子的建議，又換了些餐具，與菜品更配套。

自己感覺是那麼回事了，下一步想咬咬牙換餐桌椅。現在桌椅是鐵製的，不好看，噪音也大。正好這天來了個洗衣廠的業務員，從洗工服聊起，慢慢聊到臺布上。小鄭說不著急，我正想換桌椅，到時候再說。

業務員眼看咬著了肥肉哪肯撒嘴，腦子一轉出了個主意：「您這桌椅都挺新，不要了怪可惜的，不如您先鋪上臺布看看。臺布我們出，不要錢，您只花洗滌費。」頭一回聽說世界上有不要錢的臺布，引起小鄭興趣。

第二天，業務員帶來好幾種臺布：純棉的、化纖的、混紡的，白色的、彩色的、條紋的，把小鄭看了個眼花撩亂。鋪上試試，效果確實不錯。再一算洗滌費比自己出臺布也沒高多少，就動了心。業務員巧舌如簧：「您先試用一星期，不願用就退回來，一分錢不收。」小鄭摺下一句話：「你拿新的啊，舊的我可不要。」當天下午，臺布一鋪上，感覺立即不一樣。再配上一

桌菜，更顯得精緻、衛生。大廚也來了情緒，在盤子裡配上盤飾，什麼蘿蔔花兒、黃瓜蝴蝶，給人感覺又上了一個檔次。小鄭站在門口一看，舊貌換新顏，簡直不相信是自己的餐廳。

晚上開餐後，老客人一進門就「哎喲喝」一聲。有些過路的也往屋裡多看幾眼。小鄭心裡高興。「試用期」過後，小鄭毫不猶豫地簽了合約。

有人說，洗衣廠白出臺布不是賠了嗎？其實那些臺布都是小縫紉廠提供的，從南方布料批發市場進貨，價格極低，一塊臺布成本沒幾次洗滌費就賺回來了。

俗話說，「沒有花錢的不是」。鋪了臺布，加上其他措施，小鄭的生意一天比一天好，這時候就覺得桌椅太不配套了。話說某日，來了個顧客，其實是賣傢俱的。飯後婉轉地提出桌椅與菜品檔次不配套，建議換仿榆木擦漆的。錢不貴，還可以「分期付款」。

小鄭一聽不由得笑了。賣傢俱的以為自己說漏了嘴，有點尷尬。其實是小鄭想起了一個故事。說是個莊稼人撿到一條絲腰帶，繫上之後感覺粗布衣不配套，就換了絲綢的，低頭再一看鞋襪不配套又換了鞋襪，又一看腦袋上的毛巾不配套就換絲頭巾。都換齊了，您猜什麼不配套了？鋤頭！當初還認為是人心不足，如今開了餐館，便有了新的認識。什麼叫「人在江湖身不由己」、「上賊船容易下賊船難」呀，我就是！

不用說，小鄭最終還是換了桌椅。

我換！我換！我換換換！與時俱進。不到十年，小鄭除了爹媽沒換，別的什麼都換了。

如今的小鄭(該叫老鄭了)坐在新餐館裡樹根製作的茶桌後面啜著鐵觀音，又在琢磨著該換什麼了。

🔒 懷抱吉他的「杜十娘」

結婚有「伴娘」，唱歌有「伴舞」，眼下中餐館流行「伴宴」。「歌舞伴宴」、「京劇伴宴」、「相聲伴宴」、「雜技伴宴」、「音樂伴宴」，且觀且飲、寓樂於吃，很受歡迎。幾種「伴宴」中，以民樂「音樂伴宴」較為方便靈活。陣容整齊點的，揚琴、二胡、琵琶、笛子、古箏，儼然小型民樂隊，餐廳小一點的都容不下。人少點的，二胡、揚琴、琵琶，聲勢也滿說得過去。即便是單獨一架古箏，往那裡一擺，餐館的檔次也立刻提升不少。北京的餐館酒樓大多用二至三人的編制。三個人每晚演出費大約200～300元。

還有形式更靈活些的，便是「吉他彈唱」。一個人遊走於餐桌間，演唱「聽眾點播的音樂節目」。酒吧沒興起之前在餐館流行過。「杜十娘」就在那時「紅」過一陣。

「杜十娘」，本名不詳，安徽人氏。高考落榜獨闖京城，做過家庭服務員、餐館服務員、商場促銷員、超市收款員，都做不長久。

待遇高低姑且不論，她總覺得是在混，找不到自我。直到有一次，同住的女孩搬走，把自己的吉他送給她，才開始了她命運的新篇章。

起初她只是在下班後無聊時亂彈琴。既是亂彈，聲音自然不大入耳，同住的新來女孩難免有些嘲諷言語。杜十娘本是朱元璋的老鄉，雖非皇族後裔，但也沾些馬皇后的脾氣，一怒之下辭了工，每日刻苦練琴。起初無非是賭氣，彈著彈著有了感覺，便報了個補習班，從此漸入佳境。

於是，杜十娘白天練琴，晚上歇工，與同住女孩各不相擾。幾個月過後，琴技大長，彈獨奏曲雖有些吃力，但彈個伴奏卻綽綽有餘。自彈自唱更是婉轉動聽。琴是彈得不錯了，可當不了飯呀。幾個月坐吃山空，總不是長久之計，無奈又出去找工作。

且說一日，路過某餐廳，見裡面似有彈吉他的人影晃動，不覺引起好奇。暗中摸摸錢包，估計還夠一碗擔擔麵錢，便大膽推門而入。坐定後，點

菜間見有顧客「點曲」，彈琴女孩欣然演唱。那女孩唱的歌杜十娘都會唱，聽後便難免技癢，手指不由得隨著動作起來。聽歌喉，看技法，女孩都屬一般，甚至不如自己，只是很嫻熟流暢。女孩連唱了三首。歌畢，顧客付款20元。剎那間，杜十娘靈光一閃，似乎找到了自我。

走出餐館，她疾步返回住地，開始練琴。白天練，晚上也練。一群下班回來的房客圍攏過來，做了她現場演出的觀眾。同住女孩更是驚訝不已。

連著練了幾天，杜十娘感覺差不多了，鼓勵自己該出手時就出手！於是換了件衣服，稍稍化個淡妝，背著吉他信心十足地直奔那家餐館。

她在餐館做過，知道老闆什麼時候有時間。果然，午市已過，餐廳沒人，老闆正和老婆閒聊。杜十娘走上前去躬身施禮並說明來意。老闆對她還有印象，想了想，為難地說：「我這兒有人唱了，你知道。」十娘正待告辭，老闆娘接過話來：「你先唱幾首。」

原來，老闆娘嫌現在唱歌的女孩有點「妖」，怕老闆日久生情、立場不穩，被「糖衣炮彈」擊中，便萌生「換將」之意。看到轉機，十娘一陣狂喜：「您點歌吧！」老闆娘隨口說一句：「就唱《杜十娘》吧。」

怎麼這麼巧！杜十娘最愛唱、唱得最好的就是《杜十娘》。輕攏琴弦，慢啟歌喉，兩段歌詞下來就唱得老闆娘淚水漣漣。十娘不知老闆娘身世如何，怕觸動她的心事，犯了忌諱，不敢再唱。老闆娘示意別停。十娘再唱時，自己也不覺含淚。一曲下來，唱得蕩氣回腸、淒婉動人，讓幾個小服務員也唏噓不已。

一曲定江山，由此她落下綽號「杜十娘」。幾首歌之後，面試順利通過。按照老闆娘的安排，十娘與女孩分一三五、二四六出場，星期日現場大PK。剛開始兩人還有點平分秋色，沒過多久，觀眾就「一邊倒」了。老闆娘順勢辭了那女孩。老闆似乎沒看出老婆的手段，說了句「這合適嗎？」也就作罷。為此，十娘心中大為不忍。女孩似乎早有準備，大大方方與十娘告別。十娘把自己新買的手機送給她，算是表示歉意。

至此，十娘白天休息、練琴，晚上演唱，生活漸漸上了正軌。隨著名氣的提高，身價漲了不少，每首歌到了10元。雖說與餐廳老闆三七開，收入也相當可觀。餐館的生意如火如荼，老闆兩口子對十娘這棵搖錢樹，自然另眼看待。

不過，十娘知道前任歌手離去的原因，所以在餐廳說話做事都很低調。如此這般，一年過去，十娘名利雙收。不料，老闆娘的疑心病又犯了。雖然老闆人很守本分，也未抓住過什麼「現行犯」，可老闆娘卻總是不放心，於是在言談話語中便流露出來。

十娘經過一年磨煉，也看出個名堂。再說現在找自己駐唱的地方多了，只是念及老闆娘的知遇之恩才不忍跳槽。現在既然如此，也不必戀戰，不如自己主動離去。心裡有了主張，便與老闆娘「談心」。對十娘的價值，老闆娘心知肚明。但她的理論是「寧讓丈夫犯經濟錯誤(賭)，也不讓犯作風錯誤(嫖)」。所以再三權衡利弊之後，還是要防微杜漸，於是便請十娘另謀高就。

按照飯館的慣例，叫「東辭夥一筆抹，夥辭東筆筆清」。意思是老闆主動辭退無過錯員工時，員工欠老闆的賬要一筆勾銷；此時十娘雖無欠款，老闆娘至少要有所補償才是。不過十娘大度，不但沒提條件，反而表示自己再白唱一個月，收入全都歸餐館。當時她每天至少掙200元，一個月下來，也不是小數。老闆娘一陣衝動，幾乎要挽留十娘。

可憐老闆，依舊矇在鼓裡。

離開餐館，十娘先休息了幾天，又獨自去外地旅遊，轉了一圈。回來後便聽說整頓演出市場，唱「野歌」不行了，必須要有「演出證」。她暗自慶幸自己抽身得早，沒有遭遇這種尷尬。想到政策不知何時才能解禁，就萌生了淡出江湖之意。豈料不到半年，酒吧興起，席捲京城，「演出證」也不了了之。杜十娘去掉「杜」字，以「十娘」之名重出江湖，並且再度成功。時間不長竟進入影視界，在圈內小小有「腕」。

第六章

我們還能安全地吃什麼——

可怕的製作黑幕

我們還能安全地吃什麼──
可怕的製作黑幕
看不見的戰線──廚房背後的問題

莫道眼不見為淨／徒有其名消毒櫃／萬能的「一品抹布」／「水煮魚」的剩油哪兒去了

曾有一幅漫畫，畫的是餐館服務員上湯時，大拇指浸在湯裡。顧客驚呼：「你的手！」服務員神態自若：「沒關系，習慣了。」好一個「習慣了」！全然不顧顧客的感受。

🔒 莫道眼不見為淨

國共易幟前的飲食行業，從原料加工、炊具餐具清洗到環境衛生和個人衛生都有很多陋習。餐具更無所謂「消毒」，洗完了能刷一刷就已經算不錯了。至於個人衛生則全憑良心和習慣。過去從無「工作制服」一說，只提供一條「飯單」(大布)，攔腰一繫，就算圍裙。上衣、褲子都是自己的，戴不戴帽子各人自便。剃頭、刮臉、剪指甲則純屬個人私事。真不知為何會流傳下「不乾不淨，吃了沒病」和「眼不見為淨」的說法，估計是顧客無法考察「淨」與「不淨」，無奈之下，只好權充為「淨」，自我安慰罷了。

後來在這些方面有了極大的改進，大多數餐館能做到清潔衛生。特別是《食品衛生法》頒布以來，從環境到菜品加工的全過程以及個人衛生都有了明確的規定，使衛生狀況有了進一步改變。說起來，真是要好好感謝衛生監察部門。沒有他們不懈的努力，餐館的衛生絕不會是今天這個樣子。

至於「一次性筷子」(就是台灣說的「免洗快」)。雖然有人反對，但若

是從衛生部門瞭解一下，由於免洗筷的推廣使用，使「甲肝」等傳染病減少了許多，從保障顧客衛生安全的角度來說，免洗筷還是利大於弊。

就連廚師自己也認識到這一點，自備筷子。新式的廚師工作制服左袖子上部都有一個細長的小袋口，是專門用來放筷子的。廚師做菜需要品嚐，過去是用「手勺」(或手)從鍋裡取一些，嚐完把剩下的汁倒掉。也有人不講廚德，嚐完又倒回鍋去。這要讓您看見，這菜您還吃不吃？現在有了品嚐專用筷，既方便又衛生。這得感念港式粵菜館的好處，這些都是從那兒傳出來的。

有了「筷袋」，筷子便順理成章地成為廚師身份地位的象徵之一，除了品嚐，吃飯時也用，廚師自己更講衛生。大廚一般自己花錢買一雙紅木甚至烏木的好筷子，至少也得是漆的，絕不用那種一次性的木製品。廚工則自覺選用中低檔的。如果誰不知深淺，膽敢越位，除遭到大廚白眼甚至斥為不懂規矩外，那雙筷子也快被「撅折◦了」。

問題絕不僅是品嚐和前邊說的大拇指浸湯，其實顧客看不見的還多著呢！例如：廚師炒完「焦熘丸子」，出鍋的時候不小心掉地下一個。一般的處理方法是先看看，如果沒有沾上明顯的異物，就會隨手放入盤中。這還算好的。若是「乾炸丸子」掉地下了，一般都會下意識地用嘴吹一吹再入盤。廚師有無傳染病暫且不論，這個動作起碼「犯規」了，應當給個「黃牌◦」。

再如天涼了，蒼蠅大多會聚集在廚房暖和的頂棚上。適逢「清蒸鱖魚」出菜，一打開蒸籠的門，蒸汽噴湧把蒼蠅燙死，正好掉落在魚上。怎麼辦？按無良知廚師的處理方式，多是用手撿出蒼蠅，菜裡再淋上熱油，照樣上菜。他們說了：「就是您自己在家裡烹魚，遇到這種情況也絕不可能把這條

◎撅折：折斷、打斷的意思。

◎黃牌：足球比賽的用語，意即比賽時，裁判遇有球員犯規情事，舉「黃牌」警告之意。

魚扔了吧？節約嘛！」這時後廚既不會重做一條，也不會上籠再蒸，再蒸就老了，那不是會讓顧客退菜？當然，這還是廚師看見了，若趕上蒸「小籠包子」，蒼蠅掉在籠屜裡沒被發現，連包子帶蒼蠅一塊上桌的都有，讓人看見就噁心！等著客訴打折免單費吧。

徒有其名消毒櫃

　　根據衛生主管部門的要求，餐館應設置餐具消毒櫃。如果您在大廳內仔細看，與家用冰箱差不多大小的那個櫃子便是，主要用來消毒飯碗茶杯等小件餐具。也有大型的，一般放在後面，用來消毒菜盤和湯窩◎等大件。

　　消毒櫃工作原理簡單，大多是電熱式紅外線(或蒸汽)高溫殺菌。如按要求操作，可以殺滅99.9%的大腸桿菌和金黃葡萄球菌，並可破壞B肝表面抗原，說得簡單一點，就是餐具消毒之後，基本上可以放心使用了。

　　多好的事，消除了顧客的後顧之憂。可是您再仔細看看，有幾家餐館真正在正常使用消毒櫃呢？絕大多數都已變身為碗櫃。也就是說，只存放，不消毒。原因在於使用消毒櫃既麻煩又費時間還耗電，加熱後餐具燙手，不利擺放。中小餐館備用餐具少，在一個午餐或晚餐時段裡，餐具要周轉好幾遍，哪有時間耗在這上面。可是開業時又不能沒有這東西，否則不批准開業。而一旦開業，此物便成了擺設。

　　主管部門明白這裡面的「貓兒膩」，查衛生時往往直奔消毒櫃。你看吧，有根本沒插電的、有壞了的、有不知道怎麼用的、有當成蒸箱蒸包子蒸米飯的。還有的更誇張，當成更衣櫃存放個人衣服鞋子。就這樣，餐具清洗消毒的重要關口唱了「空城計」。

　　就是使用消毒櫃的，往往也只是把營業前準備的第一批餐具放到櫃裡，然後打開機器加熱一會兒，至於消毒沒消毒天曉得。如此這般，對顧

◎湯窩：砂鍋。

客而言，使用未經消毒的餐具會不會傳染上肝炎，那就全憑運氣和自身的抵抗力了。

🔒 萬能的「一品抹布」

高師傅的「糖醋魚」是一絕，一條魚端上來，內行人的說法，「形是形、色是色、口是口、味是味」，文一點叫「色香味形俱佳」。靠這條魚，高師傅遠近聞名，連局長都知道，因而多年穩坐公園餐廳廚房的頭把交椅。可就是有一樣，高師傅做魚不能看，看完您就不吃了。原因何在？就是那塊「一品抹布」。

過去把餐館、理髮店等行業稱為「勤行」，是因為做這一行的人得勤快，手勤、腿勤、嘴勤。拿餐館來說，小徒弟從進門學徒起，抹布（業內稱「代手」）就不離手，一天到晚得哪兒擦哪兒。閒的時候也不敢放下，要不然掌櫃的準罵你懶，或是支使你做別的。所以小徒弟也有句名言，「拿著代手就叫幹活」，以手中不空作為自己的防身之計。

照說擦這擦那的，是好事兒呀，不一定！得看怎麼擦。小徒弟光擦不投（在清水中清洗）。剛擦完砧板，又擦盤子，接著擦鍋，添完煤弄兩手黑，回來接著擦手，然後指不定又擦什麼。

高師傅就是在這種情況下養成的習慣，也許是學徒時挨罵挨怕了，當了師傅也沒改過來，依然抹布不離手。往往從灶台、炒勺、砧板「一抹到底」。出菜時不管盛菜的盤子乾淨不乾淨，也要順勢擦一下。這塊抹布，除了嘴不擦，上下裡外哪兒都擦，因而被尊稱為「一品抹布」。

最讓人不能接受的是，對名菜「糖醋魚」的「偏愛」。按烹調章法，魚炸透後，要拿乾淨毛巾包住用手按一按，使魚身略酥，以便使糖醋汁入味。就是這道工序，高師傅往往也由「一品抹布」承擔。說過多少回了，就是改不了。無奈，上級只好交代徒弟一個任務，多備幾條抹布隨時更換。問題是不管你備了幾條，高師傅絲毫不為所動，依然只用手裡那塊。直到文革開始，徒弟給他貼了一張大字報，說他「出身」不好，說他「謀害工農兵」、

「階級報復」。高師傅一害怕，這才把「一品抹布」撤了手。

現在的餐館也有這樣的，炒好的菜盛入盤中之後，如果盤邊濺有湯汁，「打荷」(廚師助手)會先用抹布把盤子周邊擦乾淨，然後隨手把砧板擦一擦。至於下邊的菜照抹不誤。一直到忙過這陣兒，再說去洗這塊「百毒不侵」的抹布。

碰上您看不見的，也只能是眼不見為淨了。

🔒 「水煮魚」的剩油哪兒去了？

周文珍小姐，外資企業白領。人如其名，長得珍珠般秀麗文雅。誰也看不出，這麼斯文的北京女孩居然嗜辣如命。什麼「麻婆豆腐」、「香辣豬蹄」、「麻辣燙」、「羊蠍子」都是她的最愛。自從接受了「吃四條腿的不如吃兩條腿的(禽類)，吃兩條腿的不如吃沒有腿的(魚類)」新觀念後，川菜「水煮魚」便成了她的新寵。每日午飯前先往辦公室附近的餐館打電話預訂，午休時間一到便疾步前往，速戰速決。

小周是個有心人。吃著吃著，吃出了疑問。為什麼有時候好吃，有時候不好吃，而不好吃的時候油色清亮，好吃的時候油色反而發混呢？早就聽說有的飯館反覆使用「水煮魚」的油，莫非這家也是如此。問服務員，不是矢口否認，就是支吾其詞，越發引起小周的懷疑。乘服務員撤「水煮魚」餐具之機，她假借找洗手間，一直跟到廚房。到拐角處掏出手機比劃著，好像在接電話，眼睛卻瞄著泔水桶(餿水桶)，看你服務員倒不倒。

她的猜測被証實了，剩油沒倒進泔水桶，眼看著服務員走向另一處──「回收」油去了。想起剛剛下肚的菜，小周一陣反胃。她還沒再想，便被裡面的人發現，客氣地問：「小姐，您需要什麼？」

「需要什麼？」她自己也說不出到底需要什麼。可是心裡在說：「我需要衛生！需要健康！需要知情權！」走出廚房，看見門口貼著一張紙：「廚房重地，閒人免進」。小周突然覺得很滑稽，不由得笑出聲來。

　　經受了這次的重創，周小姐改吃素菜了，可是心裡依然不踏實。

　　像周小姐遇到的情況，絕不止出現在一家。算算賬就知道了：一個「水煮魚」十幾塊錢，可成本不會超過菜價的30%，魚多少錢一斤？油多少錢一斤？每道菜要是都用新油，餐館老闆還怎麼賺錢！再說新油的味道也不如「回收油」。所以相當多的餐館都是「回收油」和新油混合使用，或是用於製作「紅油」、炸魚之類的菜。反正不會棄之不用。

　　「回收油」的危害不僅在於「口水」、「二手」，還由於廢油要經過高溫反覆熬煉，油的成分發生變化，營養物質被破壞，同時極易產生致癌物質「雜環胺」，這也是我們不提倡反覆用一鍋油煎炸食品的原因。現在大多數餐館的油炸食品都使用「老油」，很少整鍋換油，只是少量往鍋裡加。這樣不但省錢，出品還顯得顏色漂亮紅潤。

　　還有個菜容易造假——「麻辣燙」，特別是街頭小飯鋪的「麻辣燙」。據媒體披露，有的餐館為使牛油看起來真實，居然用白色的工業石蠟冒充。這種石蠟不僅口感發澀，吃完後嘴唇和舌頭麻木(有人以為是麻辣的原因)，而且對人身體有毒害作用。輕者腹瀉，重者會對肝脾等內臟造成永久性傷害。

　　有的小攤販用「地溝油」，危害比「口水油」還大。也有用「雙氧水」漂白原料的，使劣質原料看起來潔白新鮮。還有用「福馬林」(甲醛)浸泡毛肚、蝦仁等水發產品，使本來糟爛的原料顯得豐滿挺括，不顧甲醛對人體的傷害。甚至還有在鍋內加入罌粟殼，讓人上癮的缺德小販，簡直是在犯罪！觸目驚心！愛吃這一味的，千萬得注意了！

衛生是餐館的名片——識別餐館環境衛生

聚焦洗手間／健康胸卡「捉迷藏」／「衛生餐巾」不衛生／別有洞天冷葷間／「達克特」嚇煞洋老闆

北京的胡同越拆越少，北京傳統文化的代表之一「四合院」也成了稀罕建築。城裡有那麼個四合院改的餐館，老北京人沒地方懷舊，很多人就往這兒跑。餐館原是民宅，院落不大，方方正正。前院裡，五間正房(北房)、東西廂房、倒座(南房)整整齊齊。後院本是個園子，現在也被改成包廂。餐館經營特色風味菜，人均消費約80元。整個餐館有近200個餐位，每天爆滿。您算算，老闆可賺多少錢？

有這麼棵搖錢樹，照說老闆高興了吧？不，他正傷腦筋，不愁別的，那個衛生間(洗手間)就夠令人煩了。

🔒 聚焦洗手間

洗手間位於院子的西南角，裝修倒是不錯，就是有一樣致命：小！總共面積不到10平公尺，男女各有兩個廁位，門口還設個洗手池。您說擠不擠？白天顧客不多時還能湊合。一到晚上，簡直就進不去門。人一多，衛生就成了問題，具體情況就別描述了，那叫一個沒處下腳。要是趕上有位老兄喝多了，一口吐出來，那間屋就更進不去了。最麻煩的是碰上「內急」的，等不了，除了「硬搶」沒別的辦法，甚至有為此動手的。顧客天天投訴，老闆天天發愁。

光愁也沒用，想了幾個辦法。一是除了他自己，全天24小時禁止本店人員使用。二是改善洗手間硬體條件。什麼空調、熱水器、乾手機、排風扇，能安裝的全給它安上；梳子、香皂、洗手液、護手雙、花露水、紙巾，能擺的全給它擺上，再插上鮮花，白天一看比五星級飯店都強。可一到晚上，全玩完！有位老大爺講話：「可惜了兒這些東西了。」老闆想得開：

「可惜就可惜吧，有總比沒有強。」還別說，真「沒有花錢的不是(意指錢不會白花)。」上洗手間的顧客雖然著急，一看人家老闆也想盡辦法了，心裡的火就降下一點。三是在洗手間內設一名專職女清潔員，隨時清掃。清潔員特負責任，人越多掃得越勤。結果沒兩天讓「男廁」轟出來了：「你這不是來亂的嗎？」清潔員只得見機行事，效果大打折扣。四是充分利用馬路對面的公廁，及時對洗手間裡的顧客進行疏導。這招原來挺見效，後來馬路中間加了分隔島，往返得走300公尺，結果一大半顧客都不去了。

老闆讓大家再想辦法。其實辦法是有，還能根本改善現狀，可是誰都不敢提。什麼辦法？就是把旁邊的包廂改成男廁，既方便又簡單，還花不了多少錢。照說這麼簡單的辦法，老闆會不知道？他知道，就是捨不得。您想，那間包廂每天賺幾千塊錢的營業收入，改成廁所？有病吧！您說這主意誰敢出？誰也不敢！

直到有一天，兩方顧客為了爭搶廁位動手，繼而造成「群毆」，從屋裡打到院哩，老闆這才真的鐵了心。幾人被打傷了，東西損壞不少，沒結賬的顧客也藉看熱鬧一哄而散。派出所來人處理，很是不滿。說了：「你也不能光想賺錢，保証不了安全，你怎麼營業？」雖沒再往下說，老闆也明白。

沒過三天，洗手間改造成功，大家也鬆了一口氣。不管平時對員警怎麼看，這回對捅破了窗戶紙一事，心裡都表示感謝。

其實要說起來，這個老闆跟大多數餐館老闆相比，還真算是不錯的。您到街頭的小飯館看看，多數洗手間地面髒、環境亂、設施差。找洗手間都不用打聽，聞著味兒就到了。與此對應的便是小飯館的整體衛生，絕對好不了。中級餐館的情況雖強一些，也很難達到整潔、明亮、通風、設施完好、無蠅、無異味。可以肯定地說，洗手間是衛生管理水準的反射鏡，洗手間管理不好，餐館環境衛生也管理不好。

聰明的顧客，早已總結出進餐館要「兩看」：一看工作服，二看洗手間。這兩招雖然簡單，可是挺靈驗。對熟悉的餐館，不妨試一試這招。

🔒 健康胸卡「捉迷藏」

服務員王娟公休，正在宿舍裡睡大頭覺。同伴小呂跑進來把她搖醒：「你的健康胸卡呢？快點！」一見胸卡就在王娟工作服上別著，小呂急忙摘下來別到自己胸前，轉身跑了。

回到大廳，稽查衛生的人還沒走，小呂有點心虛，畢竟從相片上看，她與王娟差別挺大的，一胖一瘦，一大一小。好在沒細看，也許人家對這種小把戲早已「門兒清◎」，不屑於較真。不管怎麼說，有卡總比沒有好，於是一場風波有驚無險地度過。

根據相關規定，飲食行業從業人員除不接觸食品的極少數工種外，其餘從經理到廚師、服務員，直至洗碗、雜工，都要進行衛生知識培訓並做體檢，合格後發給附有本人照片的胸卡。胸卡有效期一年，工作時要隨身佩戴，無證不得上班。

如此嚴格的規定，執行起來卻被某些餐館老闆打了折扣。由於體檢要收費，所以老闆往往少報人數。還有新來試工的，因為人數零星，也常常要湊齊幾個人再去。如果遇到衛生稽查，無證人員便去借證，或是與稽查人員「捉迷藏」。不言而喻，這種人數差和時間差隱藏著極大的隱患。就是那個借健康卡的小呂，後來去體檢，發現患有「乙肝(B型肝炎)」。此時距她到飯館打工已經有兩個月了！在這期間，同宿舍就有十多人與她密切接觸，更不用說她親手為多少顧客服務過。希望他們不曾被感染，老天保佑吧！

老闆處理這種事情向來都是低調的，知道體檢結果的人也會控制在最小範圍內，往往只有他一個人。他明白，一旦消息擴散就會造成人心浮動。上文的小呂等人最後雖說是悄悄離開，然而沒有不透風的牆，一些員工還是知道了，其實也猜得出來。可是除了在背後罵幾句「缺德」，誰也沒有別的辦法，包括老闆。

◎門兒清：對事情很清楚或很擅長。這裡引申為視而不見。

「吃一塹長一智」，聰明的老闆除了盡量不與員工同吃大鍋飯，還在招聘時要求應聘者先出示健康證。可如此一來，又使招聘增加了困難度。無奈之下，只好察言觀色，用肉眼暫時充當X光機和化驗儀器，自我安慰。

體檢中傳染病患者的準確比例說不大清楚，反正一二十人參加體檢，大多數情況下都會有人過不了關。

🔒 「衛生餐巾」不衛生

20世紀80年代以前，北京街上的中餐館沒有提供「餐巾紙」的，市場上也沒有賣的。隨著粵菜館北上，也帶來了新的用餐方式和衛生理念。臺布、免洗筷、餐巾紙的使用，也像把結賬稱為「買單」一樣地普及起來。

餐巾紙隨用隨棄，比手帕方便自不用說。可是要說到衛生，就不一定了。加工餐巾紙的造紙廠為降低成本，大多是用回收的廢紙製成紙漿。在加工過程中要添加多種化工原料，例如穩定劑、漂白劑、增白劑。這些東西最後都留在餐巾紙內。當您用餐巾紙擦嘴的時候，就轉而進入人體了。往往越白的紙內這些物質含量越高，對人體的危害也越大。還不包括很多餐巾紙根本沒有經過消毒。

那麼好吧，不用餐巾紙，改用小毛巾了。且慢！小毛巾可能更危險。據說毛巾從原料棉花開始到製成成品毛巾為止，要經過1000多道工序，可以設想，如果其中任何一道工序發生污染(包括化學污染和生物、微生物污染)都可能造成嚴重後果。

現在小廠製造的小毛巾原料多是再生棉，用破布回收後加工而成。為使毛巾著色並顯得柔軟，就要加入漂白劑、染色劑和柔軟劑。其中「芳香胺」、「聯苯胺」類原料是強致癌物，在三類致癌物中排在第一組，你說厲害不厲害！這些東西一旦進入人體內就可以潛伏20年，直接誘發人體DNA發生畸變，讓人罹患癌症！

那好吧，改用「無紡布」。打開封裝的筷子袋，內有疊好的「無紡

布」濕巾，聞聞似乎還有淡淡的香味。上寫「消毒濕巾」，自稱能消滅手上的細菌。先別忙，拿去化驗一下，衛生指標能嚇您一大跳，裡面的病菌也許比您手上的都多！並非危言聳聽，衛生監控部門的公示可能更嚴重。您還是慎用吧！要用也得用可信廠家的。

🔒 別有洞天冷葷間

　　老大姐王秀花最近有點煩，因為自己小飯館的冷葷間衛生不合格被罰了款。她就弄不明白，一個切涼菜、冷盤的地方幹麼要有那麼多「講究」。

　　王大姐以前是糕點廠管政工的小頭頭，也算「業內資深人士」，廠子倒閉後先開了個糕點屋，本以為輕車熟路，沒想到剛賺了點錢，附近就呼地一下新開了好幾家，結果不到半年便敗下陣來。秀花不服呀！於是把糕餅屋改成小飯館，打算東山再起。本想設個冷葷間賣點兒涼菜方便下酒的，自己也可以多賺些錢，可營業面積不夠，上頭沒批准。一賭氣，東拼西湊，把旁邊不景氣的花店盤了過來，打通了，準備大幹一場。丈夫知道自己老婆吃幾碗乾飯，無奈死勸不聽，也只好由她去了，自己躲到批發市場賣小百貨，眼不見心不煩。

　　王秀花原本想得簡單，到真的做起冷葷間，才知道這裡頭名堂不少。先是得夠一定面積，太小了不行，還要與廚房全封閉隔離。傳送成品涼菜都要從窗口走，涼菜間「閒人免進」。還有，門口要設「二次更衣室」，廚師不准穿工作服(包括工作鞋)出冷葷間大門，更甭說穿自己的外衣進入操作間了。上廁所都得先換衣服(所有廚師和服務員都要求更衣入廁，可是您再看看公共廁所裡有多少穿飯館工作服的！)。過了「二次更衣室」，是個消毒池，給鞋底消毒用的。操作間頂部還得安裝一個紫外線燈為室內環境消毒。菜墩子、菜刀要浸泡消毒。最麻煩的是冰櫃門把手都要用毛巾包上，還要按時更換，清洗消毒。左一個消毒，右一個消毒，王秀花說：「我這兒快成醫院了！」於是跟冷葷師傅說，差不多就行了！

　　老闆不重視，夥計自然加一個「更」字，結果不斷出問題。某次稽查衛

生，鞋底消毒池是乾的，冰櫃把手沒包消毒巾。批評。又一次，查問廚師廚具消毒液比例和消毒方式，廚師答不上來，想了半天，答錯了，本來「消毒液浸泡」是最後一道程序，結果他又加上一道「用自來水沖洗乾淨」。畫蛇添足，白消毒了。想當然爾！

稽查衛生的醫生又看了看廚師的指甲，就提取了幾份涼菜成品準備回去化驗。正在這時候從窗戶外面飛進來兩隻蒼蠅——沒關紗窗。大夥的眼光全被吸引過去。結果被「下了單子」聽候處理。

過了幾天去取化驗結果，「大腸桿菌超標」。也就是說，吃下去可能瀉肚。再加上蒼蠅，不但罰款，還要限期整改、再次復查。如衛生再不合格便有「停業整頓」的可能。王秀花傻了。但對於顧客來說，這可是個好事。幸虧有《食品衛生法》。

🔒 「達克特」嚇煞洋老闆

坦率地說，餐館作為一種可以由個體勞動者獨立手工操作的行業，完全杜絕質量衛生事故極為困難。從業人員素質參差不齊，質量衛生意識強弱不等，某些老闆在金錢與食品安全的權衡中，會傾向於利潤的最大化，這都為食品安全增加了風險系數。

不僅是中國，外國也有。歐洲有對食品原料的嚴格規定，例如飯館不得使用冷凍肉解凍後炒菜，否則為嚴重違法。但是一位歐洲回國的中國廚師小鄭卻講了這樣一件事：在他打工的某外國人開的餐館裡，如果當天肉用不完就會放到冰箱裡冷凍起來。他也不認為有什麼不妥，在中國國內都是這樣。其實，這家餐館是嚴重違反了本國法律的。

某日，小鄭正在廚房幹活，老闆娘氣急敗壞地跑來，連聲說：「達克特(醫生)！達克特！」他不知何故。只見老闆娘飛身跳過椅子，雙手拉開幾個冰櫃門，翻出冷凍肉，用圍裙一包，轉身飛奔而去。片刻之後，稽查衛生的醫生由老闆陪同來到廚房。打開冰箱後，雖未細看，就已經把老闆嚇了個半

死。幸虧老闆娘把冰箱裡的凍肉都緊急拿走了。

事後，老闆夫婦對他異常客氣，沒過半個月，老闆說是要出國休假，就把飯館給停了。

小鄭拿了補償金另尋高就。到了新的餐館，和共事的中國廚師一說，才知道有鮮肉凍肉的規定。共事的「老中」分析，老闆說休假那是幌子，是他怕你舉報才把你辭了。這事一旦公佈，餐館和老闆就全完了。小鄭不信，抽空回去一看，果然，飯店照常營業。老闆見了他，以為是來找後賬的，極為尷尬。老闆女兒雙手合十，連聲說：「普利斯(求求你)」！以往東、夥關係一直不錯，甚至有過「倒插門◎」的打算，如此一來，反倒弄得小鄭怪不好意思的。

其實這個餐館平日衛生極好，用小鄭的話來說，「茅房比國內廚房都乾淨」。即便如此，發現了冷凍肉也夠老闆嗆的。雖說一年也不一定稽查一次，但稽查到了就全完了！估計從那件事之後，老闆不會再鋌而走險了，因為風險成本太高！

我們還能安全地吃什麼——令人心悸的黑心食品

羊雜碎裡的針頭／豌豆黃裡的錫塊／一夜聞名的「福壽螺」／神通廣大的「嫩精」／王老師的「黑名單」

小孫和幾個同事吃得正高興，一筷子從羊雜碎碗裡夾出一個細長帶尖的東西來。仔細一看，不禁嚇了一跳：我的天，注射器針頭！當下找來服務員質問，要討個說法。服務員招架了幾下，怎奈針頭在此，鐵證

◎倒插門：招贅的意思。

如山，自知難以自圓其說，連忙請上級「出山」。從領班到主管，雖然平日伶牙俐齒，「耗子咬小碟——口口是詞(磁)」，此番面對針頭卻是啞口無言、無從辯解，不免個個敗下陣來，直至外場經理出馬。經理一則「老奸巨猾」，二則位高權重，說話不僅油滑動聽，打折幅度也更大。也加上小孫等人是老顧客，不想斷了以後來這吃飯的後路，很是通情達理，於是事情總算圓滿解決。

🔒 羊雜碎裡的針頭

費盡周折把顧客哄走之後，經理擦了一把冷汗，端著羊雜碎就進了廚房。主廚一見也害怕，叫來配菜的「砧板」和炒菜的「炒鍋」，幾個人一塊兒分析研究，以圖偵破此案。

俗話說「三個臭皮匠，勝過一個諸葛亮」，何況四個「神探福爾摩斯」。經過查證，首先否定了內部作案的可能性。再順藤摸瓜，從採購處得知，羊雜碎是從羊肉店進的「半成品」，每袋正好做一個菜。至此，配菜的責任心不強是不用爭了，可針頭到底從何而來呢？總不至於羊也「扎嗎啡」吧？分析來，分析去，終於有個悟性高的：注水用的，注水肉！真是天才！順這條線一琢磨，一切迎刃而解：給羊肉注水用力過猛，針頭掉了下來，就混到羊雜碎裡了。

案件雖說偵破，責任卻不能完全歸到羊肉店。人家賣的是「半成品」，誰讓你自己不檢查呢。次日找到羊肉店，果然一副見多不怪的樣子，似乎常有發生，雖是老字號，也只是賠了幾袋「羊雜碎」了事。餐館只好自認倒楣，按照老闆的規定，把給顧客打折損失的一百多元由相關人員賠補平賬。

🔒 豌豆黃裡的錫塊

針頭的事還只是平民百姓趕上了，下面這件事那才叫「懸」：20世紀50年代中期，印尼總統蘇加諾訪問中國大陸，由當時的毛主席設宴招待。

席間有一道冷點「豌豆黃」，是由北京某著名飯莊製作的。點心取走的第二天，店裡就來了幾個人，把昨天主廚的錢師傅找來了，向他詳細瞭解了做豌豆黃的全部工藝過程，又仔細察看了原料和工具。

錢師傅手藝地道但眼力不好，平日戴著高度近視眼鏡，同事戲稱「錢瞎子」。當下還以為是兄弟單位來學習取經的，就一邊介紹一邊帶著那幾個人看，當看到炒豆黃的銅鍋時，來人發現鍋上有個小洞，並有用焊錫補過的痕跡。來人問：「這鍋是補過的呀」？錢師傅說，是，鍋漏了，為給店裡省錢，自己用焊錫給補上了，等錢師傅用手去指那個洞時，一下愣住了，糟了！那塊錫珠不知道哪兒去了，錢師傅的腦袋上頓時冒了汗！

您猜「哪兒去了？」鑽到豌豆黃裡面去了！而且不早不晚，偏偏是昨天那一份。幸虧那邊有金屬探測儀，否則後果真是不堪設想。不論蘇加諾總統還是毛主席，別說吃到肚子裡，就是把牙硌下一個來，都沒法交代呀！

這可不得了！可來的人瞭解完情況後，只是把銅鍋照了幾張相就走了，最後並沒有怎麼樣。這也就是50年代，講究實事求是，要是在文革中，弄不好連命都丟了。事情雖說就那麼結束了，可直到70年代，一說起此事來，錢師傅還是一臉的害怕。

🔒 一夜聞名的「福壽螺」

2006年若論出名的速度，排在第一位的，既不是體壇明星，也不是演藝大腕，而是田間的小角色「福壽螺」。當年，在「多寶魚」、「蘇丹紅」等事件暖場表演後，「福壽螺」閃亮登場並一舉奪魁。

其風波延續不斷，至今公眾關注度和影響力都高居各種「問題食品」之首。

說起「福壽螺」的身世，要遠溯到南美洲，在當地只是野生的田螺，20世紀70年代被引入台灣，並取名「福壽螺」，1981年引入中國廣東。「福壽螺」繁殖速度極快，根據統計，一隻雌螺一年可以繁殖32.5萬隻幼

螺。每只幼螺身上可寄生3000到6000條「廣州管圓線蟲」幼蟲！所以「福壽螺」的引入不僅造成非法生物入侵，大面積地破壞了水生農作物的生長，更嚴重的是，無法統計和預料的寄生蟲隱患，時刻威脅著我們的健康安全。這就是「福壽螺」！

問題終於出現了。2006年6～7月份，曾在北京某餐館吃過「香香嘴螺肉」(即「涼拌螺肉」的多名顧客陸續出現發燒、頭痛、頭漲、全身刺痛等症狀。幾經周折之後方被診斷為「廣州管圓線蟲病」。

據報，「涼拌海螺肉」原來使用的原料為海螺，海螺身上沒有廣州管圓線蟲，某些餐館為降低成本而改用「福壽螺」。在加工過程中，由於焯燙螺肉的水溫及時間未達到規定要求，寄生蟲幼蟲未被殺滅，進入人體後在人腦部寄生，而後造成大患。

「福壽螺」問題的出現，暴露出餐館食品加工規範這個環節出了大問題。多年來，餐館都是師傅帶徒弟方式的口傳心授經驗型傳統式手工操作。對原料、工藝、品質的計量和操作缺乏嚴格準確的表達標準，甚至很多烹飪教材也只是用「少許」、「片刻」、「約八成熟」之類含混的說法。書籍尚且如此，一個文化程度不高的廚師又能明白多少，全憑自己摸索。例如絕大部分廚師對原料加工的成熟度的說法，是用「斷生」、「剛變色」、「上色」、「至金黃色」、「用筷子能扎透」、「軟爛」、「酥爛」等主觀判斷標準來行事。而廚師人跟人不同，標準必然因人而異。像「用筷子能扎透」就見仁見智，你用勁小可能扎不透，他用勁大可能就扎透了，按誰的勁兒才算呢！

然而食品加工規範制定出來以前，我們不可能不去餐館吃飯。那麼，顧客能夠用來自我保護的，只有一，盡量不去衛生差的小飯館；二，盡量不吃怪異的食品；以及三、四、五、六……

可以肯定的是，食品安全問題，今後仍會困擾著我們。

神通廣大的「嫩精」

前面提到「注水肉」，奸商的做法雖不道德，但如果注的是乾淨水，還只是「謀財」。更壞的則是「扎鹽水」，那才叫「謀財又害命」呢！您看火腿腸、醬牛肉一類的肉食，顏色紅潤、口感鮮嫩，以為是多鮮的肉，其實都是「扎鹽水」的功效。所謂「鹽水」即是「亞硝酸鈉」，俗稱「硝鹽」，不超標使用，確有「嫩肉防腐」的功效。可到了奸商手裡就不是那麼回事了，什麼「標」不「標」的，怎麼好看怎麼來——只要能賺錢！

過量的「亞硝酸鈉」到了人肚子裡，嚴重的當場中毒，口吐白沫(到冬初醃菜，總有工地民工中毒急救的報導)雖當時沒見動靜，卻成為日後引發消化道癌症的誘因。「注水」、「扎鹽水」，這些都是屠宰場和肉食加工廠的招數。餐館除此之外還有自己的秘密武器。

劉清是個「海歸◎」，幾年的海外生活使他回國後對餐館的衛生十分在意。在拉過幾次肚子之後，他對中餐館的衛生實在不放心，於是便選擇了西餐館。

他是搞「可行性研究」的，按專業習慣他在公司周邊的幾家西餐館考察了一番。從洗手間、廚師工作制服、環境、菜品、餐具等方面進行評估，最後選定了幾家「入圍餐廳」其中有一家南洋風味。

話說某日在「南洋」點了份「牛排」。上菜之後，用餐刀輕輕一劃就切開了。劉清暗自納悶：即使是「菲力」、「沙朗」級別(都是牛肉最嫩的部位)，也沒有這麼嫩呀！入口一嚐，連忙吐出，不僅肉質糟爛，還有一股鹹澀味。找來服務員問原因，過了會兒給了回話，說是可能「嫩肉粉(台灣稱為「嫩精」)」放多了吧。既無歉意，更無換菜表示，言外之意「您湊合吃吧」！

◎海歸：學成之後，海外歸國的留學生。

184

　　劉清拉過肚子，不敢「湊合」。於是叫服務員結賬。從餐館出來，轉赴另一家西餐館，仍點牛排。午餐高峰已過，劉清坐在鐵板燒前面看廚師操作。見廚師往牛肉上倒調味料，猛然想起「嫩精」，忙說：「別擱嫩肉粉」。小廚師一愣，舉起手裡的瓶子：「我這是進口的，不是國產的。」「那也別擱。」劉清按自己的經驗，對不知底細的事兒先不答應。於是廚師換了一塊肉。

　　牛排煎出來了，一嚐，不知為何比以前幾次要老。因為自己不讓放「嫩肉粉」，也就沒敢問原因，免得碰個軟釘子。吃了一會兒，想想為今後健康計，還是得弄個明白，就同廚師搭訕起來：「我看看你那個瓶子。」廚師遞過來，彷彿為了表示清白，說道：「我這是進口的，『安多夫』的。」小廚師很健談，問一答十。不到五分鐘，劉清就弄明白了。剩下的，可能小廚師自己也不知道。

　　按小廚師的介紹，這嫩肉粉不但牛排用，凡是肉都可以用，越老的肉用得越多。羊肉串哪兒也有用的，不管什麼肉，只要拿嫩肉粉一拍，全變成鮮肉了。不光是肉，青菜也照樣。芥藍放老了不要緊，焯菜時候擱點兒，保證加倍滑嫩。魚(指不新鮮的)也行，不過得用「進口食粉」了，勁兒大。這「嫩肉粉」，真是神通廣大！

　　小廚師說的「進口食粉」，就是清潔用的工業碳酸氫鈉(小蘇打)，價錢便宜，店裡原來用過。後來聽說是保潔去汙用的，老闆不敢再用了，怕出事。

　　邊吃邊聽，一頓牛排，吃得劉清心驚肉跳。回公司後查看資料，把小廚師說不清楚的都弄明白了。所謂「嫩肉粉」，主要成分是「木瓜蛋白酶」，少量使用可以使肉質纖維鬆嫩，改善口感。過量使用不但使肉質糟爛，對人體消化道也有不良作用。假「嫩肉粉」含有大量亞硝酸鹽，是誘發胃癌、腸癌的殺手。把工業用的小蘇打用來「嫩肉」，對人體具有腐蝕性，並且會造成胃酸失衡、影響消化，還會造成血液酸鹼不平衡，甚至鹼中毒。

中餐館拉肚子，西餐館中毒！「天！ 明天還敢吃什麼呢？」這些，讓劉清不知所措。再遇見糟爛鬆嫩的牛肉，您也要小心了。

王老師的「黑名單」

王老師從學校退休後，做了兒子餐館的採購顧問。食品專業的職業習慣和工作需要，使她對食品原料極為敏感，特別注意品種、產地、成分、保質期等項目。除了自己目測之外，還經常收集報刊上公佈的相關資訊和檢測結果。對可能用得上的，就分門別類地抄在本子上，稱為「檔案」。有「幸」登記在冊的，按照兒子的說法，便算是列入了「黑名單」，從此開除出籍，永不再購買。進貨成本雖說高了不少，可王老師不願意做明知故犯的事，只求個心頭踏實。

有了「黑名單」，王老師買東西之前便要翻閱一下。東西拿到手裡，先要細看標籤，反復端詳對照，有時免不了還要問問，以便驗明正身。也許是王老師過於認真，引起了賣方的懷疑，常被當成「便衣」檢查人員。售貨員悄悄說「鬼子進村了」，然後忙不迭地將過期或來路不明的商品下架。無心插柳，王老師卻做了幾回「王海◎」。

以前採購員買的麵粉越白越好，現在王老師改了，因為這裡面不知加了多少「過氧化苯甲醯胺」，即「增白劑」。這東西長期過量食用會對肝臟造成嚴重損害，導致慢性中毒。短期過量食用也會使人頭暈惡心、神經衰弱(愛吃白饅頭的請注意了)。採購員買回一批粉絲粉條，廚房反映不錯，久煮不爛。再一細問，敢情那不是因為原料多純，而是添加了化工原料「硼砂」。這可不是什麼好東西，王老師當下立即「否定」了(愛吃韌性粉絲的請注意了)。

批發市場的食品罐頭價格便宜，王老師不敢買。除了品質不可靠之外，

◎王海：大陸打擊假貨的英雄。

還由於那些瓶蓋很多是用回收的金屬飲料罐頭盒沖製後，反扣在「清水蘆筍」、「清水馬蹄」、「清水竹筍」的玻璃瓶上。

廢罐頭盒油漆面上含重金屬鉛，與竹筍及浸泡的液體接觸後極易析出，會使食用者鉛中毒（愛吃上述食品的請注意了）。

經過多次比較鑑別，王老師現在採購食品原料大多買北京的、老牌大廠子出的，特別是油鹽醬醋之類。目前市面上的食品原料越來越多，王老師敢買的卻越來越少。街坊調侃說，如今上街買東西不光要帶上彈簧秤、驗鈔機、計算機，還得加上一樣——王老師的「黑名單」。

在這家餐館吃飯的顧客不一定知道這些，餐館採購員因拿不到回扣，則敢怒不敢言，兒子也多次抱怨進貨成本高。於是王老師逐漸由樂此不疲變得有些疑惑。一天她見了一副對聯，上聯是「何須盡如人意」，下聯是「但求無愧我心」。看罷，十分合自己心意，便抄回來當了座右銘。然而，在良心與金錢的拉鋸之中，她不知道自己還能據守多久。

民以食為天、食以安為先——
人體耐藥試驗何日方休

鴨蛋黃為什麼這樣紅／鳳爪為什麼這樣白／粽葉為什麼這樣綠／海參、魷魚「貓膩」多／松香的功能／空心紅草莓與帶尖番茄

有句話叫「經驗主義害死人」，若是用在今天分辨食品原料的假冒偽劣上，那真是再經典不過了。

鴨蛋黃為什麼這樣紅

過去吃鴨蛋講究吃紅心的，特別是醃鴨蛋，煮熟切開，那紅紅的鴨蛋黃

飽飽滿滿、油亮亮地，確實又好看又好吃，還富有營養。據說吃活小蝦、小魚的鴨子產的鴨蛋黃才是紅心。正因為飼養成本高，所以紅心鴨蛋的售價也比普通鴨蛋高。賣鴨蛋的也明白，往往把切開的鴨蛋擺出來，用紅艷艷的蛋黃做廣告。如果兩種鴨蛋擺在那兒讓您挑，您八成挑紅心的。因為您過去比較過，有經驗。

不過這是2006年以前了。現在，自從紅心鴨蛋風波之後，別說賣鴨蛋的不再把紅心鴨蛋擺出來，就是擺出黃心的做樣品，您在買之前都得自己切開一個看看是真是假。還有人乾脆拒絕鴨蛋，管你紅心黃心，一概不吃。風波遍及全國，河北鴨蛋、湖北鴨蛋、江蘇鴨蛋一概莫能倖免，鴨蛋銷量銳減，鴨農叫苦連天。

又是「蘇丹紅」惹的禍！2005年，蘇丹紅1號曾經「紅」遍中國。使人對辣椒醬和番茄醬敬而遠之，進而擴展到紅油、腐乳等帶紅色的加工食品，一度談紅色變。好不容易送走了蘇丹紅1號，沒想到它陰魂不散，第二年4號又來了。這回轉了個彎，從讓人直接食用變成先讓鴨子吃，鴨子下出蛋來再讓人吃。

這蘇丹紅4號又名「油溶紅」，本是個工業染料，紅鞋油、紅蠟燭裡面便有其身影。不過它是三類致癌物，嚴禁作為食品添加劑。

那麼蘇丹紅4號又怎麼加到鴨飼料裡了？這就得說是利益驅使。按照有關規定來說，食品裡並非禁止添加紅色素，但是只能添加「辣椒紅」等食品色素。從成本看，蘇丹紅4號比辣椒紅便宜。於是，蘇丹紅4號便晉身鴨飼料，正如經濟學理論所說的「劣幣驅逐良幣」。

蘇丹紅對人體的危害不輕，容易形成慢性中毒，造成細胞畸變，誘發癌症。今天吃了也許沒有不良感覺，但是誰知道潛伏到哪天發作呢？

順便提一下「黃」。

餐館裡的菜品有些是用黃色素調色的，包括烹製高檔菜「鮑魚菜」所用的「鮑汁」和「魚翅菜」用的「翅汁」。如果是食品級色素，只要不過量就

沒問題。如果奸商(不是廚師)使用造紙製革用的工業染料「酸性金黃G」(皂黃)代替，後果也和蘇丹紅差不多。

看來吃高檔菜，也不一定安全。

🔒 鳳爪為什麼這樣白

再說「白」。小莉開了個餐館，不定時外出就餐變成了她的「必修課程」。什麼八大菜系、京菜、滬菜、江湖菜、家常菜，幾年間，少說嚐過200家。話說某日她帶了幾個人來到一家粵菜館，點了幾個傳統菜，其中有個「白雲鳳爪」。菜上來後，小莉伸過筷子剛要夾，同桌的人打趣：「老闆，看人家那雞爪子怎麼長的，比您的手還白！」「是嗎？」小莉故意比了比，一看還真是比自己的手白多了。大家哈哈一笑。

「鳳爪」的味道還不錯。回去後，小莉讓涼菜廚師試著做。試過幾次，口感、味道都說得過去，就是顏色發黃，怎麼也不如粵菜館的白。問問採購，說是從超市買的。

小莉有心，第二天跟採購員一塊兒去了批發市場。到賣家禽的那兒一看，雞爪子的顏色也和超市的差不多。就問「雞佬兒(賣雞的)」：「有白點兒的嗎？」小老闆伸頭看看左右，拿出個編織袋來。好傢伙，雞爪子個個煞白，簡直「氣死頭場雪，不讓二場霜」。小莉就奇怪了，問「雞佬兒」它為何那麼白，那雞佬兒倒賣起了關子：「那雞長得就白唄。」

小莉做了幾年餐飲，明白這裡面大有名堂。可自己雖說是大學畢業，可卻是學文科的，有些「貓膩」還不能從科學角度解釋。

採購員常在市場買東西，跟小販們都是「半熟臉兒」。於是便買了幾斤雞爪，借機半玩笑半套磁地套出了底細。買回雞爪，小莉不敢吃。打電話請來學工科的老同學揭秘。「小販說是蘇打水泡的。」小莉說。老同學看了看，又聞了聞，說道：「雙氧水，雙氧水漂的。」(看來小販也沒說真話。)

小莉知道「雙氧水」，那是化工原料，禁止在食品中使用。怪不得雞佬

兒當時鬼鬼祟祟的。很多化工產品在生產過程中，從原料到成品要經過多道工序，接觸多個反應罐、管道、容器，很難保證不受到污染或含有雜質。所以化工產品把純度分成若干級別，級別越高則純度越高，同時價錢也越貴。而奸商為了牟利，往往使用低級別產品甚至代用品。這就為食品安全留下了隱憂。當然，這是在允許使用該產品的前提下，如果是禁用的，那就不用說了，純度再高也不行。

後來，小莉的「白雲鳳爪」製出來了。她沒用「雪白的鳳爪」，照樣賣得挺好。群眾的眼睛是雪亮的。

現在您知道了，「白雲鳳爪」那雪白的鳳爪有可能是用「雙氧水」漂白過的。可是您是否知道，「冰糖銀耳」中的雪白銀耳可能是用「二氧化硫」漂白過的；「蜜汁蓮子」中的雪白蓮子可能是用「過氧化鈉」漂白的；盡管結果不一定如此，然而面對可能發生的後果，您是否願意拿自己的身體做「人體耐藥性試驗」呢？

🔒 粽葉為什麼這樣綠

老北京人做什麼都講究「應時當令」，到什麼節氣吃什麼、穿什麼，早了晚了都叫人笑話。例如風箏只能春天放；「酸梅湯」只能夏天喝；「蓮花燈、蓮花燈，今天買了明天扔」更是幾歲孩子的童謠；至於「月餅」，則只能八月十五吃，即使第二天點心鋪大降價，有點身份的人家也不買，怕人笑話。從習俗上，沒有「反季節」一說。

老趙，世居京城，深得老北京真傳，屬於「該吃蘿蔔不吃梨」的那種人。他把自己當成了文化守護者。為了弘揚飲食文化，去年還開了一家老北京小吃店。老趙為人和氣，說話禮貌，連比他小好幾十歲的人，他都用「您」字稱呼，常讓小夥子「不敢當」。小吃更是地道，精工細製，上國宴都沒問題。現在熱愛老北京文化的人不少，所以老趙的生意挺火的。四九城裡口碑不錯。

沒想到，老趙這麼「守規矩」的人，竟差點兒犯一回錯誤。

這事得從端午節說起。按照時令，端午節吃粽子，老趙早早就準備了。江米、小棗，還有各種果料，備了不少。節前10天開始賣，頭幾天生意不錯，三四天以後見微。他正納悶著呢，有個老顧客走過來，手裡還提著幾個粽子。陽光下，粽子葉湛青碧綠，甚是耀眼。老趙客氣地打了個招呼。顧客遞上粽子，說是在西邊買的，讓他過目：「您看這葉子，真綠。」

老趙接過來仔細端詳，弄不明白。見過綠的，可是沒見過這麼綠的，「老革命遇到了新問題。」

老趙回到屋裡跟其他顧客說起，別人也沒當回事。其中有個在旁邊開花店的李老闆吃完後說了句：「您給我點兒粽葉。」老趙給了他一把兒。等下午不忙了，他把老趙請了過去。李老闆拿出幾張粽葉往桌上一擺，老趙嚇一跳！一張比一張綠，簡直變戲法。老李快人快語：「這沒什麼，小菜！硫酸銅染的。」老趙聽不懂，承認隔行如隔山。原來，粽葉發黃以後，並非無計可施，一旦用「硫酸銅溶液」浸泡後，便可變得碧綠可人。因為花店經常遇到葉子問題，這些小技巧對他們來說確實不算什麼。不過用硫酸銅泡粽葉有毒沒毒，花把式可就說不清楚了。

老李問老趙需要不需要把葉子「復綠」。老趙拿不準，就說只能先試試。

第二天取回加倍嫩綠的粽葉，老趙拿水泡著。看了看，水並不綠，這才有點放心。用綠葉包出來的粽子確實不錯，黃葉的跟它一比更顯得沒模樣兒了。包好了百十個正準備煮，夥計說有人送通知來了。

老趙接過通知一看，嚇出一身冷汗。原來說的就是綠粽葉的事，已經發現有人中毒了，上吐下瀉，症狀不輕。衛生、工商部門緊急通知各商戶，嚴禁購買使用銷售綠粽葉原料，已製成粽子成品的一律銷毀。「萬幸！萬幸！」老趙鬆了一口氣。

當晚，老趙把那些「綠禍」隨垃圾都扔了。心中直嘀咕：「差點兒晚節不保啊。」

🔒 海參、魷魚「貓膩」多

常吃海參、魷魚這類「水發產品」的人要注意了。特別是當您感到海參有股鹼味兒，但是很有筋道，又有咬勁的時候，八成是經過工業火鹼(氫氧化鈉)漲發的。一般在發製海參、魷魚類乾貨時都使用食用鹼(碳酸鈉)。1斤乾海參視品種質地不同，可以發出3斤多到4斤水發參。由於海參價格較高，出品率提高1兩就意味著多賣幾塊錢。奸商怎肯錯過發財的機會呢，於是動起邪念。火鹼鹼性大，用火鹼水浸泡乾海參可以提高出品率。但是用火鹼漲發後，海參個頭雖然大了，肉質卻變得糟爛，賣相和口感都不好。接下來便是用「甲醛」(福馬林)浸泡，肉質又變得有筋道，外形也挺漂亮。一場戲法似乎變得天衣無縫。

可是，整個過程使用的都是工業原料，毒的副作用不說，甲醛是致癌物質，在食品中是絕對禁止使用的。

衛生監督部門三令五申嚴禁使用火鹼、甲醛漲發乾貨水產品，但在市場和小餐館裡仍不時發現其身影。顧客沒有別的辦法，除了盡量少吃不明身份的水發品之外，還需睜大火眼金睛，一旦發現可疑物，為了您和他人的健康，請您立即舉報。

在海參魷魚之外，可以列入名單的還有蹄筋、黃喉◎、裙邊之類的乾貨，同樣需提高警惕。

🔒 松香的功能

黃工的太太原來特愛吃雞，當年生小孩坐月子的時候幾乎每天一隻。後來在家不怎麼吃了，原因是雞毛太難拔乾淨。

老黃嫌超市的雞不好吃，經常到小區附近的農貿市場買活雞，現宰現

◎黃喉：豬雜之一。處理過的豬食道與大血管。

褪毛。小販手腳俐落，把雞在熱水鍋裡一燙，三把兩把褪掉毛！可是老黃接過白條雞一細看，雞身上還有一層絨毛沒拔乾淨，他怕太太吃了對大人孩子不好，回家後便用小鑷子一下一下把細毛一根根地拔掉，每次不少於30分鐘，把太太看得好感動。感動之餘又不忍老公如此辛苦，便以吃膩了為由，逐漸減少次數，改為三天一隻，偶爾也去超市買。

黃工是研究電機的，愛動腦子。常常變換拔毛的工具和手法，包括熱水燙、火烤、吹風機吹、口香糖粘，效果都不明顯。他也時常琢磨，為什麼超市的雞沒細毛，甚至還想發明一個褪毛機，後來聽說早就有了這才作罷。

有一次去批發市場買雞，看見有個小販褪毛時轉到房子後邊，回來後雞身上變得特別乾淨。問小販，支吾其詞。老黃心生一計，裝作打電話，一邊「喂，喂」，一邊慢慢向房後邊靠攏。走過去一看，有一口鍋，裡邊有半鍋黑乎乎的東西冒著熱氣。正在琢磨著，小販來了，手裡提著雞。他顧不得老黃，把雞往鍋裡一蘸。拿出來只見雞身上黑油漆似的一層，蘸幾下就滿了。接著用涼水一澆，順手把黑漆大把大把撕下。再看雞，通體乾淨。老黃撿起一片聞了聞，是「松香」。他這才明白，這就是傳說中的「松香褪毛」。不能買這裡的雞！黃工趕緊跑了。

過去確曾流行過用松香甚至瀝青褪毛，主要用於豬頭。因為豬頭皺褶多，用火筷子烙、噴燈燒都難以盡除。惟有松香或瀝青可以立竿見影。不過這些東西都有毒，早就被禁用了。小販明知故犯，不講道德良心。作為消費者，您只有自己留心注意了。

老黃活得「在意」，從那年鬧禽流感，他家就戒吃雞肉了。之後也很少光顧農貿市場。

🔒 空心紅草莓與帶尖番茄

錦園餐館裡的「蔬菜拼盤」（又稱「大豐收」），本來賣得挺好，一天能賣出幾十個。「小黃瓜蘸醬」尤其受歡迎，不少顧客單點這個菜。可是這

兩天點「蔬菜拼盤」的大多聲明不要黃瓜，「小黃瓜蘸醬」更乏人問津，弄得涼菜間廚師一時摸不著頭腦。一問，原來前幾天報上登了衛生監督部門的檢測報告，說北京某農藝園竟然在黃瓜上噴灑劇毒農藥「氧化樂果」。這種高毒高殘留的農藥，多年前就已被明令禁止在蔬菜瓜果中使用了。

消息傳出，小黃瓜一時令人卻步，連沒噴「氧化樂果」的也一齊跟著倒了楣。錦園餐館的廚師這才明白。

說到「噴灑」，餐廳果盤中的紅草莓從寵兒變成了不受喜愛的棄兒，原因是傳說紅透的大草莓噴了不知多少生長激素，奇形怪狀便是證據。有些草莓噴灑過多造成「瘋長」，甚至形成空心狀。這種草莓由於不是自然成熟，所以缺乏水果的自身香味。那些聞起來濃鬱的香味都是香精散發的。在挑草莓時，建議您還是揀小的買吧，還能省點兒錢。

空心的還有大蔥。看著又粗又長的蔥白，您用手捏一捏，裡面是空的。咬一口，乾的。讓做「蔥油海參」的廚師十分為難，原因也是生長激素搞的鬼。

激素的另一個侵害對象就是番茄(中國大陸稱為「西紅柿」)。原來圓溜溜的，現在居然被「整容」，變得七楞八瓣，尖頭方腦。嚐一嚐也是淡而無味。

「番茄炒蛋」原來是餐桌的熱門菜，如今卻被冷落一旁。餐廳提供的免費花茶也成為懷疑的目標，原因是有茶農自曝內幕，稱噴灑茉莉香精能化腐朽為神奇，毫不費力地提升茶葉等級，而成本幾乎為零。鐵觀音茶也多次爆出「滴滴涕」(殺蟲藥DDT)的醜聞。

誰動了我的草莓？誰動了我的番茄？激素稱霸還要持續到什麼時候？誰知道下一個又是什麼食品？農藥、激素、香精、工業染料、化工原料……，我們寶貴的身體成了化學品堆放倉庫，成了人體耐藥性的試驗場。

國家圖書館出版品預行編目資料

餐飲業機密檔案. 大陸篇 / 肖正綱, 一鶴作. -
- 初版. - 臺北市 ： 賽尚圖文, 民98. 06
面 ； 公分. --（飲食家；6）

ISBN 987-986-6527-07-4（平裝）

1. 餐飲管理 2. 餐廳 3. 中國

483.8   98008262

飲食家 06

餐飲業機密檔案

作者・肖正綱、一鶴
發行人/總編輯・蔡名雄
特約文字編輯・路巧雲

出版發行・賽尚圖文事業有限公司
106台北市大安區臥龍街267之4號1樓
（電話）02-27388115 （傳真）02-27388191
（劃撥帳號）19923978 （戶名）賽尚圖文事業有限公司
（網址）www.tsais-idea.com.tw

封面設計・BEAR
內文設計・馬克杯企業社
總經銷・紅螞蟻圖書有限公司
台北市內湖區舊宗路二段121巷28號4樓
（電話）02-2795-3656 （傳真）02-2795-4100
製版印刷・科億資訊科技有限公司

出版日期・2009年（民98）6月初版一刷
定價・NT.220元

本書中文繁體字版由中國輕工業出版社獨家授權，由台灣賽尚圖文事業有限公司於
台灣地區獨家發行 原書書名《餐館大揭密》

飲食家系列讀者支持卡

感謝您用行動支持賽尚圖文出版的好書！
與您做伴是我們的幸福

讓我們認識您

姓名：_____

性別：□1.男　　□2.女

婚姻：□1.未婚 □2.已婚頂客族 □3. 已婚有子女

年齡：□1.10~19 □2.20~29 □3.30~39 □4.40-49 □5.50~

地址：□□□_____

電子郵件信箱：_____

電話：(日)_____ (夜)/手機_____

職業：□1.學生 □2.餐飲業 □3.軍公教 □4.金融業 □ 5.製造業 □ 6.服務業 □7.自由業
　　　□8.傳播業 □9.家管 □10.資訊 □11.自由soho □12.其他_____

（請詳填本欄，往後來自賽尚的驚喜，您才接收到喔！多使用E-mail，可以響應環保。）

關於本書

您在哪兒買到本書呢？

連鎖書店 □1.誠品 □2.金石堂 □3.何嘉仁 □4.新學友

量販店 □1.家樂福 □2.大潤發 □3.愛買 □4.其他_____

一般書店 □_____縣市_____書店

其他□1.劃撥郵購 □2.網路購書 □3.7-11 □4.書展 □5.其他_____

您在哪裡得知本書的消息呢？(可複選)

□1.書店 □2.大型連鎖書店的網路書店 □3.書店所發行的書訊 □4.雜誌 □5.便利商店
□6.超市量販店 □7.電子報 □8.親友推薦 □9.廣播 □10.電視 □11.其他_____

吸引您購買的原因？(可複選)

□1.主題內容 □2.圖片品質 □ 3.編排設計 □4.封面設計 □5.文字風格 □6.優惠活動
□7.資訊豐富實用 □8.作者粉絲 □9.賽尚之友

您覺得本書的價格？

□1.合理 □2. 偏高 □3.偏低 □4.希望定價_____元

您都習慣以何種方式購書呢？

□1.書店 □2.劃撥郵購 □3.書展 □4.量販店 □5.7-11 □6.網路書店 □7.其他_____

給我們一點建議吧！

_____

填妥後寄回，就可分享來自賽尚圖文的出版訊息與優惠好康喔！

10676
台北市大安區臥龍街267之4號1樓

賽尚圖文事業有限公司收

請沿虛線對折，封黏後投回郵筒寄回，謝謝！